Über das Titelbild

Links: Darstellung einer $\alpha\beta$-Untereinheit eines LH2-Komplexes der Spezies *Rhodopseudomonas acidophila* mit Farbstoffen.

Rechts oben: Schematische Potentiallandschaft der Faltung eines Proteins.

Rechts unten: Jablonski-Termschema für ein Farbstoffmolekül mit drei Niveaus.

Für die Darstellung der LH2-Untereinheit wurde das Programm VMD verwendet, freundlicherweise von Prof. K. Schulten zur Verfügung gestellt. Die Potentiallandschaft ist aus P. Wolynes, *Phil. Trans. R. Soc. A*, pp. 453-467, vol. 363, 2005.

Untersuchung der Strukturdynamik einzelner Proteine bei tiefen Temperaturen

Von der Universität Bayreuth
zur Erlangung des Grades eines
Doktors der Naturwissenschaften (Dr. rer. nat.)
genehmigte Abhandlung

von

Jürgen Baier

aus

Nürnberg

1. Gutachter: Prof. Dr. J. Köhler
2. Gutachter: Prof. Dr. A. Seilmeier

Tag der Einreichung: 20. November 2009
Tag des Kolloquiums: 24. Februar 2010

Bibliografische Information der Deutschen Nationalbibliothek
Die Deutsche Nationalbibliothek verzeichnet diese Publikation in der Deutschen Nationalbibliographie; detaillierte bibliographische Daten sind im Internet über http://dnb.d-nb.de abrufbar.

1. Aufl. - Göttingen: Cuvillier, 2011
Zugl.: Bayreuth, Univ., Diss., 2010

978-3-86955-656-7

Nonnenstieg 8, 37075 Göttingen
Telefon: 0551-54724-0
Telefax: 0551-54724-21
www.cuvillier.de

1. Auflage 2011
Gedruckt auf säurefreiem Papier.

978-3-86955-656-7

Veröffentlichungen

- J. Baier, M. Gabrielsen, S. Oellerich, H. Michel, M. van Heel, R.J. Cogdell, J. Köhler "Spectral Diffusion and Electron-Phonon Coupling of the B800 BChl *a* Molecules in LH2 Complexes from Three Different Species of Purple Bacteria" *Biophys. J.* **97** 2604-2612 (2009)

- J. Baier, M.F. Richter, R.J.Cogdell, S. Oellerich and J. Köhler "Determination of the spectral diffusion kernel of a protein by single-molecule spectroscopy" *Phys. Rev. Lett.* **100** 018108-1-018108-4 (2008)

- J. Baier, M.F. Richter, R.J.Cogdell, S. Oellerich and J. Köhler "Do proteins at low temperature behave as glasses? A single-molecule study" *J. Phys. Chem. B* **111** 1135-1138 (2007)

- M.F. Richter, J. Baier, J. Southall, R.J. Cogdell, S. Oellerich and J. Köhler "Spectral diffusion of the lowest exciton component in the core complex from *Rhodo- pseudomonas palustris* studied by single-molecule spectroscopy" *Photosynth. Res.* **95** 285-290 (2008)

- M.F. Richter, J. Baier, T. Prem, S. Oellerich, F. Francia, G. Venturoli, D. Oesterhelt, J. Southall, R.J. Cogdell and J. Köhler "Symmetry matters for the electronic structure of core complexes from *Rhodopseudomonas palustris* and *Rhodobacter sphaeroides* PufX$^-$." *Proc. Natl. Acad. Sci. USA* **104** 6661-6665 (2007)

- M.F. Richter, J. Baier, R.J. Cogdell, J. Köhler and S. Oellerich "Single-molecule spectroscopic characterisation of light-harvesting 2 complexes reconstituted into model membranes." *Biophys. J.* **93** 183-191 (2007)
- M.F. Richter, J. Baier, J. Southall, R.J. Cogdell, S. Oellerich and J. Köhler "Refinement of the X-ray structure of the RC-LH1 complex from *Rhodopseudomonas palustris* by single-molecule spectroscopy" *Proc. Natl. Acad. Sci. USA* **104** 20280-20284 (2007)
- E. Lang, J. Baier and J. Köhler "Epifluorescence-, Confocal-, and Total-Internal-Reflection Microscopy for Single-Molecule Experiments: A Quantitative Comparison" *J. Microsc.* **222** 118-123 (2006)

Inhaltsverzeichnis

1 Einleitung **1**

2 Spektroskopie einzelner Farbstoffe in amorphen Umgebungen **7**

2.1 Optische Übergänge eines Farbstoffes 7

2.1.1 Nullphononenlinie und Phononen-Seitenbande 11

2.2 Spektroskopie einzelner Moleküle 14

2.3 Amorphe Wirtssysteme einzelner Farbstoffe 15

2.3.1 Statische Einflüsse: inhomogene Linienverbreiterung 16

2.3.2 Dynamische Einflüsse: Spektrale Diffusion 16

2.3.3 Farbstoffe in Gläsern 18

2.3.4 Tieftemperaturmodell für Gläser 18

2.3.5 Proteine als Wirtssysteme 20

2.3.6 Potentiallandschaft von Proteinen 21

3 Der photosynthetische Apparat von Purpurbakterien **23**

3.1 Struktur peripherer Lichtsammelkomplexe 25

3.2 Lokalisierte und delokalisierte Anregungen 27

4 Experimentelles **29**

4.1 Lichtquelle und Detektoren 30

4.1.1 Lasersystem 30

4.1.2 Amplitudenstabilisierung 31

4.1.3 Kamerasystem 32

4.1.4 Avalanche Photodiode 32
4.2 Meßplatz 33
4.2.1 Weitfeld-Mikroskop 33
4.2.2 Konfokales Mikroskop 35
4.2.3 Kryostat und Probenhalter 38
4.2.4 Verwendete Proben 39
4.2.5 Atomkoordinaten 39
4.2.6 Verwendete Chemikalien 40
4.3 Probenpräparation 40
4.3.1 PVA-Matrix 40
4.3.2 Rekonstitution in einer Bilipidschicht 40

5 Tieftemperaturmodell von Proteinen **43**
5.1 Spektrale Dynamik nach dem TLS-Standardmodell 44
5.2 Verteilung der Resonanzfrequenzen und Linienbreiten nach dem TLS-Standardmodell 46
5.3 Spektrale Momente und Kumulanten einer optischen Anregung . . . 49
5.4 Experimentelle Ergebnisse 51
5.5 Gültigkeit des TLS-Standardmodells 57
5.6 Das Farbstoff im Hohlraum-Modell 59
5.7 TLS-Klassen in LH2-Komplexen 61

6 Spektraler Diffusionskern und hierarchische Struktur einzelner Proteine **65**
6.1 Der spektrale Diffusionskern eines einzelnen Proteins 66
6.2 Strukturelle Ursachen der TLS-Verteilungen 68
6.3 Zeitabhängigkeit der spektralen Diffusion 71

7 Spektrale Diffusion und Linienformen in verschiedenen Proteinen **77**
7.1 Spektrale Diffusion in LH2 aus verschiedenen Spezies 81
7.2 Hierarchische Einteilung der spektralen Diffusion 84

7.3 Elektron-Phonon-Kopplung in LH2 aus verschiedenen Spezies . . . 85
7.3.1 Multivariate statistische Analyse von Einzelmolekülspektren 86
7.3.2 Debye-Waller Faktoren 88
7.4 Vergleich der Einzelmolekülmessungen 90
7.5 B-Faktoren der BChl *a*-Moleküle 93
7.6 Oberflächenladungen innerhalb der Bindungstasche 94
7.7 Vorläufiges Strukturmodell der Bindungstasche von *Rb. sphaeroides* 95

8 Zusammenfassung **97**

Abstract **109**

Kurzfassung **111**

Danksagung **115**

Kapitel 1

Einleitung

Proteine gehören zu den wichtigsten Bausteinen des Lebens. Als essentielle Bestandteile aller Organismen nehmen sie an praktisch jedem Prozess in Zellen teil. Sie verleihen der Zelle nicht nur Struktur, sondern sind die molekularen "Maschinen", welche Stoffe transportieren, Ionen pumpen, chemische Reaktionen katalysieren und Signalstoffe erkennen. Wegen ihrer besonderen Bedeutung sind Proteine und ihre Eigenschaften und Funktionen Untersuchungsgegenstand vieler wissenschaftlicher Disziplinen.

Proteine sind Heteropolymere (Polypeptide), die aus einzelnen Aminosäuren aufgebaut sind. Die genaue Sequenz der verschiedenen Aminosäuren innerhalb der Proteinkette bestimmt dabei, in welche spezielle Struktur sich ein Protein faltet [1]. Eine langgestreckte oder ungeordnete Polypeptidkette hat keine biologische Aktivität, die Funktion ergibt sich erst aus der Konformation, der dreidimensionalen Anordnung der Polypeptide in einer Struktur. Doch obwohl eine solche Struktur eines Proteins schon vor geraumer Zeit erstmals durch ein Röntgenbeugungs-Experiment entschlüsselt werden konnte [2, 3], ist man auch heute noch weit von einem vollständigen Verständnis dieser Molekülgattung entfernt.

Obwohl von vielen Proteinen hochaufgelöste Röntgenbeugungsstrukturen bekannt sind, also Proteinkristalle mit hinreichend ähnlichen Einheitszellen erzeugt werden können, muss ihre dreidimensionale Struktur flexibel genug sein, um ihre biologischen Aufgaben zu erfüllen [4]. Die biologische Funktion vieler Proteine erfordert oft Strukturänderungen im gefalteten Zustand. Solche Strukturänderungen können beispielsweise beim Binden von Proteinen an andere Proteine oder kleinere Moleküle auftreten. Jeder Funktion eines Proteins ist damit auch eine Konformation zugeordnet. Diese strukturelle Flexibilität von Proteinen spiegelt Reorganisationen von Atomgruppen wieder und kann durch Fluktuationen des Proteins zwischen verschiedenen Konformationen beschrieben werden.

Ein Protein kann neben seinen Konformationen oder funktionellen Zuständen auch noch in einer großen Zahl von Konformations-Unterzuständen (conformational substates, CS) existieren [5]. In allen Unterzuständen einer Konformation hat ein Protein die gleiche, zur jeweiligen Konformation gehörende biologische Funktion. In einem für die Röntgenstrukturanalyse verwendeten Proteinkristall liegen alle Proteine in der gleichen Konformation, aber nicht im gleichen Unterzustand vor. Die genaue Molekülstruktur, obwohl im Wesentlichen identisch, zeigt deshalb von Protein zu Protein kleine Abweichungen, abhängig vom jeweiligen CS. Ein Atom kann somit in verschiedenen Proteinen an geringfügig unterschiedlichen Positionen sitzen, die Abweichung der Atome von ihrem "mittleren Aufenthaltsort" ist also relativ groß. Das wesentliche Kennzeichen des "Materiezustands Protein" ist daher die gleichzeitige Existenz einer festen Ordnung, zu sehen in den ästhetischen (mittleren) Molekülstrukturen, wie sie aus Röntgenbeugungs-Experimenten abgeleitet werden und einer Unordnung auf kleinerem Maßstab, die sich aus der Existenz der CS ergibt.

Wegen der enormen Zahl der verschiedenen möglichen Konformationszustände besitzen Proteine eine komplizierte Potentiallandschaft mit einer großen Zahl an Minima und einer breiten Verteilung dazwischen vorhandener Barrieren [6]. Diese Barrieren werden bei Konformationsänderungen entweder durch thermische Aktivierung oder durch Tunnelprozesse überwunden. Sogar bei tiefen Temperaturen erzeugen Relaxationsprozesse, also Übergänge zwischen diesen Minima, eine reichhaltige Dynamik, die viele Größenordnungen in der Zeit umfasst [7]. Ein experimenteller Zugang zu dieser Dynamik wird durch die Tatsache ermöglicht, dass die Energien eines in ein ungeordnetes Material, wie es ein Protein ist, eingebetteten Farbstoffes sehr empfindlich auf Veränderungen seiner lokalen Umgebung reagieren. Dadurch bietet sich die optische Spektroskopie von Farbstoffen in Proteinmatrizen als geeignetes Mittel an, um die mikroskopische Struktur und die Relaxations-Dynamik der Proteinmatrix durch die spektralen Veränderungen der Gastmoleküle zu untersuchen. Dieser spektroskopierte Farbstoff kann dabei entweder natürlicher Bestandteil des Proteins sein, oder künstlich eingebracht werden.

Eine Strukturfluktuation eines Proteins, also ein Übergang in einen anderen CS, führt im allgemeinen zu einer geänderten Wechselwirkung zwischen Protein und Chromophor und damit zu einer Änderung der Absorptionsfrequenz des Chromophors. Dieser Vorgang wird als *spektrale Diffusion* bezeichnet. Die Untersuchung der spektralen Diffusion einzelner Anregungen in Lichtsammelkomplexen als Modellsystem für in Proteine natürlich eingebettete Farbstoffe ist das Thema dieser Arbeit. Ziel der Experimente ist es, die Natur der im Protein ablaufenden dynamischen Prozesse aufzudecken, was aber nicht auf direktem Weg möglich ist. Man benötigt vielmehr eine Modellvorstellung, die bestimmte strukturelle Vorgänge im Protein postuliert und daraus das Verhalten der spektralen Diffusion ableitet. Dieses kann dann mit den experimentellen Ergebnissen verglichen werden.

Spektrale Diffusion wird nicht nur in Proteinen beobachtet, sondern auch in Systemen wie etwa Gläsern oder Polymeren. Zur Erklärung der spektralen Diffusion in Gläsern wird gewöhnlich das sog. TLS-Standardmodell [8, 9] herangezogen, das ursprünglich eingeführt wurde, um thermodynamische Besonderheiten von amorphen Tieftemperatursystemen zu erklären. Die wesentliche Idee dieses Modells ist es, alle in einem ungeordneten System stattfindenden Relaxations- oder Fluktuationsprozesse als Tunnelübergänge lokalisierter Zwei-Niveau-Systeme (Two Level Systems, TLS) zu beschreiben. Proteine und Gläser zeigen bei tiefen Temperaturen in vielen Belangen ein sehr ähnliches Verhalten. Es ist daher naheliegend, das aus der Theorie der Gläser stammende TLS-Standardmodell auch zur Interpretation der spektralen Diffusion in Proteinen heranzuziehen. Lochbrenn-

und Photon-Echo-Experimente an der in Myoglobin enthaltenen Häm-Gruppe haben aber auch gezeigt, dass die Gesetzmäßigkeiten, durch welche die spektrale Diffusion beschrieben wird, sich in Proteinen und Gläsern unterscheiden können [10]. Daraus ergibt sich die naheliegende und noch ungeklärte Frage, ob das Wechselspiel von Ordnung und Unordnung, welches eine spezifische Eigenschaft von Proteinen ist, zu neuen Eigenschaften der strukturellen Dynamik von Proteinen führt.

Zum Vergleich der Dynamik von Gläsern und Proteinen werden in Kap. 5 zunächst die Vorhersagen des TLS-Standardmodells für einzelne in Gläser eingebettete Farbstoffe hergeleitet und diese mit den experimentellen Ergebnissen von einzelnen, in Lichtsammelkomplexen von Purpurbakterien enthaltenen BChl a-Molekülen verglichen. Durch eine Kumulantenanalyse der spektralen Trajektorien einzelner Anregungen kann in Kap. 5.5 gezeigt werden, dass das TLS-Standardmodell keine adäquate Beschreibung der spektralen Diffusion der eingebetteten Farbstoffe liefert.

In Kap. 5.6 wird das TLS-Standardmodell erweitert, indem die mit dem Farbstoff wechselwirkenden TLS in zwei Klassen eingeteilt werden, die sich durch ihren TLS-Farbstoff-Abstand und die Anzahl der in den Klassen enthaltenen TLS unterscheiden. Auf diesen Ergebnissen aufbauend wird in Kap. 6.1 gezeigt, dass mit der in dieser Arbeit verwendeten Kumulantenanalyse erstmals der spektrale Diffusionskern eines *einzelnen* Proteins gewonnen werden kann. Aus den bei der Kumulantenanlyse gewonnenen und durch die TLS-Klassen verursachten spektralen Verstimmungen wird dann eine Abschätzung der TLS-Farbstoff-Abstände durchgeführt. Diese Abstände werden in Kap. 6.2 mit den Proteinstrukturen der Lichtsammelkomplexe verglichen. In Kap. 6.3 wird zusätzlich versucht die Zeitabhängigkeit der gemessenen spektralen Diffusionskerne zu bestimmen. Dieses Ergebnis wird mit dem in [7] beschriebenen Diffusionsmodell verglichen, welches die dynamischen Prozesse in einem Protein als Diffusionsbewegung in dessen Konformationsraum auffasst und zu einem charakteristischen Potenzgesetz für die zeitliche Entwicklung des spektralen Diffusionskerns führt.

Die Unterschiede der spektralen Diffusion und der Linienformen einzelner Anregungen bei peripheren Lichtsammelkomplexen verschiedener Spezies von Purpurbakterien werden in Kap. 7.1 untersucht. Um einen Einfluß der zur Immobilisierung verwendeten Matrizen auszuschließen, werden Referenzexperimente mit in einer Bilipidschicht eingebetteten Lichtsammelkomplexen analysiert. Die Elektron-Phonon-Kopplung von einzelnen, in Proteine aus verschiedenen Spezies von Lichtsammelkomplexen eingebetteten Farbstoffen wird in Kap. 7.3 durch eine multivariate statistische Analyse der Spektren beschrieben. Durch einen Vergleich mit den Kristallstrukturen von *Rps. acidophila* und *Rsp. molischianum* kann damit ein vorläufiges Strukturmodell der Bindungstasche von *Rb. sphaeroides* abgeleitet werden.

Kap. 8 gibt schließlich eine Zusammenfassung der theoretischen und experimentellen Ergebnisse.

Kapitel 2

Spektroskopie einzelner Farbstoffe in amorphen Umgebungen

2.1 Optische Übergänge eines Farbstoffes

Die Änderung des Energiezustandes eines Farbstoffmoleküls durch Emission oder Absorption von Photonen wird als *optischer Übergang* bezeichnet. Alle im Rahmen dieser Arbeit betrachteten Übergänge eines Farbstoffmoleküls können durch ein Drei-Niveau-System beschrieben werden. In Abb. 2.1 sind diese drei elektronischen Niveaus in einem Jablonski-Termschema dargestellt. Darin bezeichnen die beiden Singulettzustände S_0 und S_1 den elektronischen Grundzustand und den ersten angeregten Zustand des Moleküls. T_1 stellt den untersten elektronischen Triplettzustand dar, der energetisch tiefer liegt als der S_1-Zustand. Zusätzlich sind noch die Schwingungsniveaus und phononischen Zustände des Moleküls eingezeichnet. Letztere führen zu der im nächsten Abschnitt beschriebenen Elektron-Phonon-Kopplung.

Befindet sich ein Farbstoffmolekül im elektronischen Grundzustand (Singulett S_0), lässt es sich durch Lichteinstrahlung in den elektronisch angeregten Zustand S_1 überführen. Der energetische Abstand der beiden Niveaus S_0 und S_1 ist durch die Vakuum-Übergangsfrequenz des Moleküls ν_0 gegeben. Das Absorptionsspektrum

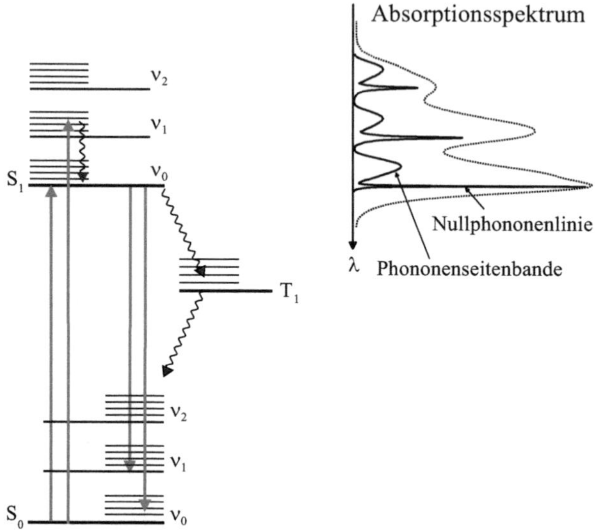

Abbildung 2.1: Jablonski-Termschema für ein Farbstoffmolekül mit drei Niveaus. Neben elektronischen Niveaus sind Schwingungsniveaus (ν_0, ν_1, ν_2) und phononische Zustände eingezeichnet. Zusätzlich sind die auftretenden Spektren dargestellt, die im Text näher erläutert werden.

eines solchen Übergangs besteht aus einer einzelnen lorentzförmigen Linie:

$$I(\nu - \nu_0) = \frac{1}{2\pi} \frac{\Delta\nu_{hom}}{(\nu - \nu_0)^2 + (\frac{\Delta\nu_{hom}}{2})^2} \tag{2.1}$$

Die endliche Lebensdauer angeregter Energieniveaus verursacht dabei die durch eine Unschärferalation gegebene minimale homogene Linienbreite $\Delta\nu_{hom}$:

$$\Delta\nu_{hom} = \frac{1}{2\pi \mathrm{T}_1} + \frac{1}{\pi \mathrm{T}_2^*} \tag{2.2}$$

Diese Linienbreite wird bestimmt durch die natürliche Lebensdauer des angeregten Zustandes T_1 und die durch Dephasierungsprozesse gegebene transversale

Relaxationszeit T_2^*. Sie wird die *homogene Linienbreite* des Farbstoffes genannt, da die Beiträge von T_1 und T_2^* im Mittel für alle Moleküle gleich sind. Im Gegensatz zu T_1 weist T_2^* eine starke Temperaturabhängigkeit auf, wodurch ihr Beitrag bei sehr tiefen Temperaturen vernachlässigbar wird.

Das Absorptionsspektrum eines Moleküls bei genügend niedriger Temperatur wird bestimmt durch Übergänge eines Elektrons aus dem Schwingungsgrundzustand des elektronischen Grundzustandes in alle Schwingungszustände des angeregten elektronischen Zustandes. Mit Hilfe eines Konfigurationskoordinatenmodells lassen sich die Potentialkurven der elektronischen Zustände und ihre Kopplung an Schwingungen der Wirtsmatrix darstellen (Abb. 2.2). Die Energieunterschiede der Schwingungsniveaus liegen in der Grössenordnung von $400-4000\,\mathrm{cm}^{-1}$, so dass selbst bei Raumtemperatur ($\frac{kT}{hc} \sim 200\,\mathrm{cm}^{-1}$) kaum eine thermische Besetzung höherer Schwingungszustände stattfindet. Die Wahrscheinlichkeiten der Übergänge werden durch das Überlappintegral (Franck-Condon-Integral) der Kernwellenfunktionen des Grundzustands und des angeregten Zustands gegeben und Franck-Condon-Faktoren genannt. Der Wechsel eines elektronischen Zustandes erfolgt so schnell (charakteristische Zeit etwa $10^{-15}\,\mathrm{s}$), dass sich die Abstände der Atomkerne aufgrund ihrer höheren Masse in dieser Zeit kaum ändern (Kernschwingungsperiode etwa $10^{-13}\,\mathrm{s}$). Elektronische Übergänge werden deshalb in einem Konfigurationskoordinatenmodell wie Abb. 2.2 als vertikale Linien eingezeichnet. Dieses *Franck-Condon-Prinzip* erklärt die relativen Intensitäten der verschiedenen vibronischen Übergänge in Farbstoffmolekülen.

Finden Übergänge in Schwingungsniveaus des elektronisch angeregten Zustands statt, zerfallen diese innerhalb von einigen ps wieder strahlungslos in den Schwingungsgrundzustand. Aus dem elektronisch angeregten Zustand kann das Molekül unter Aussendung eines Photons wieder in den elektronischen Grundzustand zurückkehren (*Fluoreszenz*). Dieses Photon hat dabei meistens eine geringere Energie als Photonen des Anregungslichts, da, wie bei der Anregung, auch ein höherer Schwingungszustand besetzt werden kann (*Stokes-Shift*).

Neben der Fluoreszenz können auch andere Übergänge auftreten. Dazu zählen

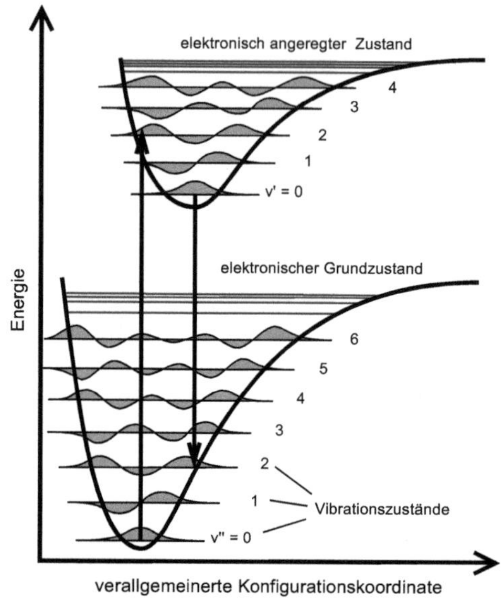

Abbildung 2.2: Potentialschema zur Veranschaulichung des Franck-Condon-Prinzips. Übergänge finden gemäß dem Franck-Condon-Prinzip senkrecht statt, ihre relative Intensität ergibt sich aus dem Überlapp der Wellenfunktionen des Ausgangs- und Endzustandes. Der Wechsel eines elektronischen Zustandes erfolgt so schnell, dass sich die Abstände der Atomkerne aufgrund ihrer höheren Masse in dieser Zeit kaum ändern.

die Relaxation in den Grundzustand durch interne Konversion (strahlungslos über Schwingungszustände) oder der Übergang in einen Triplettzustand (*intersystem crossing*). Letzterer ist wegen der Spinumkehr eigentlich verboten, tritt jedoch aufgrund von Spin-Bahn-Kopplung mit einer geringen Wahrscheinlichkeit auf. Da auch die Rückkehr in das Singulettsystem spinverboten ist, hat dieser Zustand eine relativ lange Lebensdauer im Bereich von Mikrosekunden bis Sekunden. Da das Molekühl während dieser Zeit nicht angeregt werden kann tritt, während der Triplettzustand besetzt ist, auch keine Fluoreszenz auf.

2.1.1 Nullphononenlinie und Phononen-Seitenbande

Bei Molekülen, die in einen Festkörper eingelagert, sind können außerdem noch Kombinationsübergänge auftreten, bei denen neben dem Farbstoff auch Phononen der Matrix angeregt werden. Die Energiedifferenzen dieser Zustände liegen typischerweise zwischen 20 und 200 cm^{-1} und werden bei Raumtemperatur als Verbreiterung des homogenen Spektrums sichtbar. Die Berücksichtigung der Phononenbeteiligung am Übergang im Rahmen der linearen Elektron-Phonon-Kopplung führt zum Auftreten einer Phononenseitenbande (phonon side band, PSB). In Absorptionsspektren liegen die spektralen Positionen dieser Seitenbanden bei höheren Energien als der rein elektronische Übergang, da Energie zur Erzeugung von phononischen Schwingungsquanten nötig ist. In Emissionsspektren befinden sie sich auf der niederenergetischen Seite. Absorptions- oder Emissionslinien von elektronischen Übergängen, bei denen weder Phononen erzeugt noch noch vernichtet werden, werden *Nullphonenlinien* (zero phonon line, ZPL) genannt.

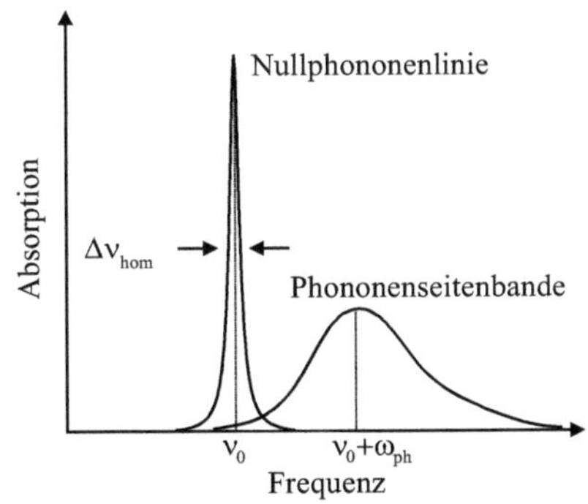

Abbildung 2.3: Schematische Darstellung des Absorptionsprofils eines einzelnen Farbstoffes in einer Festkörpermatrix bei tiefen Temperaturen. Das Spektrum setzt sich aus einer schmalen Nullphononenlinie und einer breiten, um die mittlere Phononenenergie ω_{ph} blauverschobenen Phononenseitenbande zusammen.

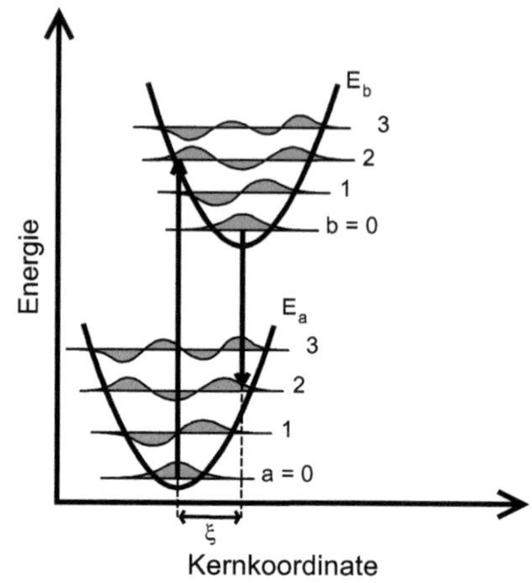

Abbildung 2.4: Darstellung der Potentialkurven der elektronischen Zustände, gekoppelt an eine Schwingung der Wirtsmatrix, als parabelförmige, harmonische Potentiale. ξ ist die relative Verschiebung der beiden Potentiale, was auch ein Maß für die Stärke der Kopplung darstellt.

Zur analytischen Beschreibung der Elektron-Phonon-Kopplung kann zunächst die Wechselwirkung eines Farbstoffes mit einer einzelnen Schwingungsmode betrachtet werden, die Potentiale des Grund- und des angeregten Zustandes sind in Abb. 2.4 dargestellt.

Mit Hilfe eines Konfigurationskoordinatenmodells lassen sich die Potentialkurven der elektronischen Zustände, gekoppelt an Schwingungen der Wirtsmatrix, als parabelförmige, harmonische Potentiale darstellen. Bei einem elektronischen Übergang eines Farbstoffes ändert sich die Verteilung seiner Ladungsdichte, so dass sich ebenfalls die Gleichgewichtspositionen der Atomkerne des Farbstoffes verändern. Das Ausmaß dieser Positionsänderungen wird durch die relative Verschiebung der Potentiale, die den Grund- und angeregten Zustand beschreiben, widergespiegelt. Bei der linearen Kopplung an eine einzelne Schwingungsmode können diese Potentiale in Normalkoordinaten des Grundzustandes ausgedrückt werden durch:

$$E_a(q) = \frac{1}{2} m\omega^2 q^2 \tag{2.3}$$

$$E_b(q) = E_{ab} + \frac{1}{2} m\omega^2 q^2 + \hbar\omega\sqrt{\frac{M\omega}{\hbar}}\xi q \tag{2.4}$$

Dabei is q die Konfigurationskoordinate und ξ ist die relative Verschiebung der beiden Potentiale, was auch ein Maß für die Stärke der Kopplung darstellt. $E_a(q)$ ist dabei der Grundzustand, $E_b(q)$ der angeregte Zustand, ω ist die Phononenfrequenz an die der Farbstoff koppelt. Unter der Annahme, dass bei den Temperaturen, bei denen die in dieser Arbeit beschriebenen Untersuchungen durchgefürt worden sind, nur der unterste Schwingungszustand besetzt ist, erhält man dann folgende Linienform [11]:

$$I_{ab}(E) = \sum_{p=0}^{\infty} e^{-\frac{1}{2}\xi^2}\left(\frac{(\frac{1}{2}\xi^2)^p}{p!}\right) \times \delta(p\hbar\omega + E_{ab} - \frac{1}{2}\hbar\omega - E) \tag{2.5}$$

Durch $p = b - a$ wird der Unterschied der Schwingungsmoden zwischen Grund- und angeregtem Zustand ausgedrückt und durch die Tieftemperaturnäherung $a = 0$ zu $p = b$ reduziert. Diese Linienform besteht aus einer Serie von äquidistanten δ-Funktionen, die mit unterschiedlichen Gewichtungen multipliziert werden. Aus dieser Linienform können der Debye-Waller Faktor α_{DW} und der Huang-Rhys Parameter S berechnet werden als:

$$\alpha_{DW} = \frac{I_{0\leftarrow 0}}{\sum_b I_{b\leftarrow 0}} = e^{-S} \tag{2.6}$$

Der Index der Schwingungsmode des angeregten Zustandes wird dabei durch b beschrieben. Sowohl der Debye-Waller Faktor als auch der Huang-Rhys Parameter sind ein dimensionsloses Maß für die Elektron-Phonon-Kopplung. Der Debye-Waller-Faktor gibt den Beitrag der ZPL zur Oszillatorenstärke des elektronischen Übergangs an und ist umso kleiner, je grösser die Elektron-Phonon-Kopplung und je höher die Temperatur ist. Deshalb sind Nullphononenlinien nur bei tiefen Temperaturen beobachtbar. Der Huang-Rhys-Parameter S ist ein lineares Maß für die zur Erzeugung der Phononen aufgewendete Energie und gibt damit auch die Anzahl der erzeugten Schwingungsquanten an.

Da die in eine ungeordnete Matrix eingebetten Farbstoffe aber nicht nur mit einer, sondern mit einer Vielzahl an Schwingungsmoden wechselwirken, ist die experimentell ermittelte Linienform eine Überlagerung der Linienformen aller Schwinungsmoden, von denen jede einzelne durch Gl. 2.5 beschrieben wird. Als Ergebnis dieser Überlagerung erhählt man die in Abb. 2.3 dargestellte Linienform. Auch aus dieser kontinuierlichen Linienform erhält man den Debye-Waller-Faktor und Huang-Rhys-Parameter als Verhähltnis der Intensität der Nullphononenlinie (I_{ZPL}) zur Gesamtintensität des Spektrums ($I_{ZPL} + I_{PSB}$):

$$\alpha_{DW} = \frac{I_{ZPL}}{I_{ZPL} + I_{PSB}} = e^{-S} \tag{2.7}$$

2.2 Spektroskopie einzelner Moleküle

Die Einzelmolekülspektroskopie ermöglicht die Beobachtung individueller Farbstoffe und ihrer Wechselwirkung mit der Wirtsmatrix [12]. Durch die Beobachtung von *genau einem* Molekül wird Ensemble-Mittelung vermieden. Das erlaubt in heterogenen Systemen die Beobachtung der *Verteilungen* von Moleküleigenschaften, während in Ensemble-Experimenten nur *Mittelwerte* der Eigenschaften erhalten werden können. Außerdem ist es möglich, auch selten auftretende dynamische Prozesse zu beobachten. Ein einzelnes Molekül, dass eine zeitliche Entwicklung zwischen verschiedenen Zuständen durchführt, ist zu jedem Zeitpunk in einem bestimmten wohldefinierten Zustand, so dass im Prinzip alle Schritte der Entwicklung an ihm untersucht werden können.

Bei der Einzelmolekülspektroskopie muss sichergestellt werden, dass sich nur ein Molekül im angeregten Volumen in Resonanz mit dem Anregungslicht befindet. Dies ist zum einen dadurch möglich, dass man die Moleküle der Probe spektral im Frequenzraum separiert. Um mit dieser Technik die Wechselwirkung mit nur einem Farbstoffmolekül zu erreichen, ist es notwendig, die Konzentration der Farbstoffe im Festkörper stark zu reduzieren, sowie zusätzlich die Ausdehnung des Anregungsvolumens zu minimieren. Außerdem müssen die Farbstoffe scharfe Absorptionslinien zeigen und schmalbandig angeregt werden. Durch eine noch stärkere Verdünnung und den Einsatz der Mikroskopie lässt sich andererseits aber auch erreichen, dass nur noch *ein* Farbstoffmolekül überhaupt im Anregungs- bzw. Abbildungsvolumen ist. Die zu untersuchenden Moleküle sind dadurch räumlich voneinander separiert. Diese Methode stellt keine speziellen spektralen Anforderungen an das Molekül, insbesondere erfordert sie keine schmalen Absorptionslinien und ist deshalb bei beliebiger Temperatur durchführbar. Obwohl diese Methode eigentlich sehr naheliegend erscheint, wurden die ersten Experimente an räumlich separierten Einzelmolekülen erst durchgeführt, nachdem die Einzelmoleküldetektion in spektral separierenden Tieftemperaturexperimenten gelang [12, 13, 14].

Es ist mit den beschriebenen Techniken nicht nur möglich, Informationen über die verwendeten Farbstoffe selbst zu gewinnen, sondern auch über die Matrizen, in welche die Farbstoffe eingebettet sind [15, 16]. Wechselwirkungen zwischen Farbstoff und Matrix spiegeln sich im Spektrum des Farbstoffes wieder. Auf diese Weise kann aus den Spektren von vielen Molekülen chemisch identischer Farbstoffe einer Probe die Verteilung von Wechselwirkungsparametern, bei geeigneten Systemen sogar strukturelle Information, gewonnen werden. Einen Zugang zu dynamischen Prozessen erlaubt die repetitive Messung eines einzelnen Farbstoffmoleküls. Die durch die Repetitionsrate bestimmte Zeitauflösung ist dabei eine untere Schranke für die Zeitskalen der beobachtbaren Prozesse.

2.3 Amorphe Wirtssysteme einzelner Farbstoffe

Einzelne Farbstoffe können, wie im vorherigen Abschnitt eingeführt, als lokale Sonden für den sie umgebenden Festkörper eingesetzt werden. Ändern sich elektrische Felder in der unmittelbaren Umgebung eines Farbstoffes durch z.B. Umlagerung von Atomgruppen der Wirtsmatrix, reagiert der Farbstoff auf diese Felder durch eine Änderung der Übergangsfrequenz und Lebensdauer des optischen Übergangs. Jedes Spektrum eines einzelnen Farbstoffes stellt damit eine Momentaufnahme des optischen Übergangs zusammen mit dem Zustand seiner Umgebung zum Zeitpunkt der Aufnahme des Spektrums dar. Vor allem amorphe Matrizen, oft auch Gläser genannt, weisen aufgrund der fehlenden Fernordnung und der dadurch vorhandenen Hohlräume im Material eine starke Dynamik auf.

2.3.1 Statische Einflüsse: inhomogene Linienverbreiterung

Bei tiefen Temperaturen sind Farbstoffmoleküle auf Grund unterschiedlicher Einbaulagen, Störstellen und Verspannungen in der Wirtsmatrix in eine jeweils unterschiedliche Umgebung eingebettet. Dies resultiert in geringfügig zueinander verschobenen Absorptionsfrequenzen der einzelnen Farbstoffmoleküle (*solvent shift*) [17, 18]. Durch die von der jeweiligen Wirtsmatrix bestimmte Verteilung der Absorptionsfrequenzen misst man in einem Ensemble-Experiment eine Überlagerung der Absorptionen aller beitragenden Moleküle, was, wie in Abb. 2.5 skizziert, zu einer inhomogen verbreiterten Linie führt. Bei tiefen Temperaturen ist die inhomogene Linienbreite in der Regel einige Größenordnungen breiter als die homogene. In kristallinen Systemen beträgt das Verhältnis der inhomogenen zur homogenen Linienbreite typischerweise $10^2 - 10^4$, kann bei amorphen Wirtssystemen ohne feste Einbaulage aber auch Werte $> 10^5$ annehmen.

2.3.2 Dynamische Einflüsse: Spektrale Diffusion

Die Verschiebung der Übergangsfrequenz eines einzelnen Moleküls durch die zeitlich variierende Wechselwirkung mit seiner Umgebung bezeichnet man in Analogie zur räumlichen Bewegung (Diffusion) eines Moleküls als *spektrale Diffusion.* Im einfachsten Fall kann die Übergangsfrequenz dabei zwischen zwei diskreten spektralen Positionen wechseln, im allgemeinen und vor allem in amorphen Matrizen, kann das spektrale Verhalten aber sehr viel komplizierter sein und durch viele verschiedene Zeitskalen bestimmt werden. Um die spektrale Diffusion eines Farb-

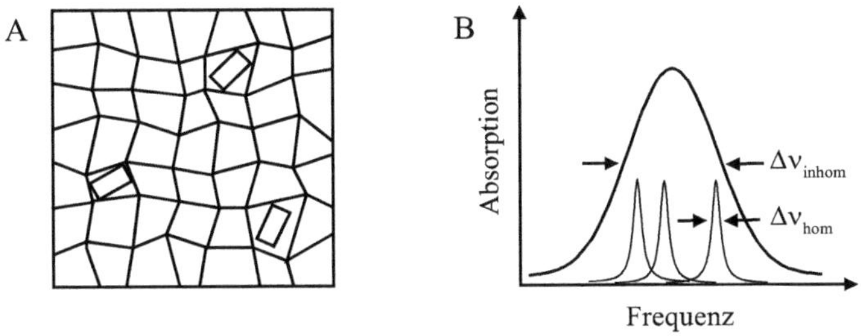

Abbildung 2.5: (A) Farbstoffe in Festkörpern besitzen jeweils unterschiedliche lokale Umgebungen. (B) Auf diese äußeren Felder reagieren sie mit einer Verschiebung ihrer Absorptionsfrequenzen. In Ensemblespektren führt das zur inhomogenen Linienverbreiterung. Aus Gründen der Übersichtlichkeit wurden Phononenseitenbanden weggelassen.

stoffes untersuchen zu können, muss diese auf einer Zeitskala stattfinden, welche die Messung der variierenden Übergangsfrequenzen zuläßt. Repetitive Einzelmolekülexperimente werden dazu im allgemeinen mit der höchsten apparativ möglichen Repetitionsrate durchgeführt.

Eine Vielzahl an Studien wurde schon durchgeführt, um die spektrale Diffusion des optischen Übergangs eines in eine ungeordnete Matrix eingebetteten Farbstoffes zu untersuchen [15, 19, 20, 21]. In Lochbrenn-Arbeiten zeigen sich solche spektralen Fluktuationen als wartezeitabhängige Linienverbreiterungen des optischen Übergangs [22, 23]. Demgegenüber können diese spektralen Fluktuationen in Einzelmolekül-Experimenten direkt als spektrale Trajektorien [16] oder, je nach Zeitskala der Prozesse, komplizierte Linienformen beobachtet werden.

Die Hauptursache für spektrale Diffusion ist der Übergang des Wirt-Gast-Systems zwischen verschiedenen möglichen Grundzuständen. Solche Übergänge können thermisch induziert werden (durch klassische thermische Aktivierung oder durch thermisch unterstütztes Tunneln), photo-induziert, d.h. abhängig von der vom Gast absorbierten Energie sein, oder durch externe Quellen wie angelegte Felder oder Ströme verursacht werden. Chemische Bindungen werden bei der spektralen Diffusion im allgemeinen nicht aufgebrochen, wodurch diese Prozesse meist reversibel sind.

2.3.3 Farbstoffe in Gläsern

Gläser sind amorphe Festkörper, bei denen, im Gegensatz zu Kristallen, die Atome nicht in einer regelmäßigen räumlichen Anordnung vorliegen. Diese fehlende Fernordnung führt dazu, dass viele Atomgruppen keine Gleichgewichtslage einnehmen, sondern zwischen zwei oder mehreren Gleichgewichtslagen wechseln können. Die Potentialhyperfläche als Funktion der 3 N elementaren Freiheitsgrade ist daher durch eine unregelmäßige Struktur mit vielen lokalen, durch Barrieren getrennte Minima gekennzeichnet, ohne dass aber ein globales Minimum existiert.

2.3.4 Tieftemperaturmodell für Gläser

Das Standardmodell zur Beschreibung der Dynamik von solchen ungeordneten Materialien beruht auf der Annahme, dass strukturelle Veränderungen nur in räumlich begrenzten Bereichen auftreten, die durch Doppelmuldenpotentiale beschrieben werden können. Bei tiefen Temperaturen werden diese Potentiale üblicherweise durch Zwei-Niveau-Systeme (two-level systems, TLS) beschrieben. Jedes einzelne TLS stellt eine Kopplung von zwei harmonischen Potentialen dar und ist gekennzeichnet durch einen Ortsunterschied der Potentiale d, eine Barrierenhöhe V und eine Asymmetrie Δ. Bei tiefen Temperaturen reicht die thermische Aktivierungsenergie nicht aus, um die Potentialbarriere zu überwinden, so dass Übergänge zwischen den Minima nur durch Tunnelprozesse möglich sind. Der durch die Asymmetrie gegebene Energieunterschied der TLS wird dabei durch Wechselwirkung mit Phononen überwunden (*phonon-assisted tunneling*). Die Beschreibung der komplizierten Potentialhyperfläche des ungeordneten Materials wird durch die Annahme von statistischen Verteilungen der TLS im Glas erreicht.

Aus den Parametern der TLS läßt sich der die Übergangsrate bestimmende Tunnelparameter λ ermitteln. Er ist definiert als

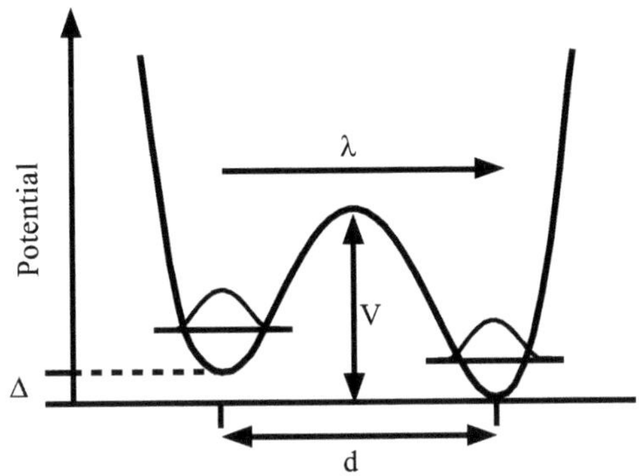

Abbildung 2.6: Ein Zweiniveausystem (TLS) wird durch ein Doppelmuldenpotential mit der Asymmetrie Δ, dem Abstand der Potentialminima d und den die beiden Zustände trennenden Potentialwall V beschrieben. Diese Parameter lassen sich zum die Übergangsrate bestimmenden Tunnelparameter λ zusammenfassen.

$$\lambda = \sqrt{\frac{mVd^2}{2\hbar}} \tag{2.8}$$

mit m als der effektiven Masse des tunnelnden Teilchens. Im TLS-Standardmodell wird für die Verteilungen der Asymmetrien und der Tunnelparameter der TLS eine flache Verteilung angenommen, d.h. die physikalisch sinnvollen Werte treten im Mittel gleich häufig auf [8, 9]:

$$P(\Delta, \lambda) \cong konst. \tag{2.9}$$

Durch das TLS-Standardmodell konnten viele vorher unverstandene Tieftemperatureigenschaften amorpher Festkörper wie z.B. die Temperaturabhängigkeit der Wärmekapazität [24] erfolgreich beschrieben werden. Insbesondere konnte gezeigt werden, dass der Einfluß der strukturellen Dynamik eines amorphen Festkörpers auf die optischen Eigenschaften einzelner Dotierungsmoleküle durch das TLS-Standardmodell mit hoher Genauigkeit beschrieben werden kann. Das Modell verwendet dazu ausschließlich eine statistische Verteilung der TLS, ohne überhaupt auf ihre physikalischen Ursachen einzugehen.

2.3.5 Proteine als Wirtssysteme

Proteine sind lineare Heteropolymere, die aus durch Peptidbindungen zu Ketten verbundenen Aminosäuren aufgebaut sind. Die Abfolge der einzelnen Aminosäuren innerhalb der Polypeptidkette wird als *Primärstruktur* bezeichnet. Teile der Primärstruktur können Strukturblöcke bilden, von denen die wichtigsten die α-Helix und das β-Faltblatt sind. Solche Strukturblöcke werden durch Wasserstoffbrückenbindungen zwischen den Peptidbindungen des Polypeptid-Rückgrates stabilisiert und *Sekundärstruktur* genannt. Die Anordnung dieser Strukturblöcke führt zu der für die Funktion des Proteins wichtigen und in seiner natürlichen Umgebung für das Protein charakteristischen dreidimensionalen Struktur, auch *Tertiärstruktur* genannt. Sie wird ebenfalls durch Wasserstoffbrückenbindungen, aber auch durch relativ schwache Kräfte wie Van-der-Waals-Kräfte oder elektrostatische Kräfte stabilisiert. Diese Bindungsstärken sind entscheidend für die Funktion der Proteine: Durch thermische Energien können diese Bindungen aufgebrochen werden, was zu Bewegungen ganzer Baublöcke mit großer Amplitude führt. Erst diese strukturelle Felxibilität ermöglicht es einem Protein, seine natürliche Aufgabe zu erfüllen [4].

Manche Proteine müssen sich, um funktionsfähig sein zu können, zusätzlich noch mit anderen Proteinen zu einem Proteinkomplex zusammenlagern, der sogenannten *Quartärstruktur*. Dies kann entweder eine Zusammenlagerung von unterschiedlichen Proteinen sein oder ein Verband aus zwei oder mehr Polypeptidketten, die aus ein und derselben Polypeptidkette hervorgegangen sind. Proteinkomplexe können sowohl durch Wasserstoffbrückenbindungen als auch durch kovalente Bindungen stabilisiert werden.

2.3.6 Potentiallandschaft von Proteinen

Native Proteine weisen eine wohldefinierte Tertiär- bzw. Quartärstruktur auf. Doch obwohl von vielen Proteinen hochaufgelöste Röntgenbeugungsstrukturen bekannt sind, muss ihre dreidimensionale Struktur flexibel genug sein, um ihre biologischen Aufgaben erfüllen zu können. Die strukturelle Flexibilität von Proteinen spiegelt Reorganisationen von Atomgruppen wieder und kann durch Fluktuationen des Proteins zwischen verschiedenen Konformations-Unterzuständen (conformational substates, CS) modelliert werden [1, 25]. Wegen der enormen Zahl der möglichen CS besitzen Proteine eine komplizierte Potentiallandschaft mit einer großen Zahl an Minima und einer breiten Verteilung dazwischen vorhandener Barrieren. Diese Energiebarrieren werden bei Konformationsänderungen entweder durch thermische Aktivierung oder durch Tunnelprozesse überwunden. Sogar bei tiefen Temperaturen erzeugen Relaxationsprozesse, also Übergänge zwischen diesen Minima, eine reichhaltige Dynamik, die viele Größenordnungen in der Zeit umfasst [7]. Da die Energien eines in ein ungeordnetes Material, so wie es ein Protein ist, eingebetteten Farbstoffes sehr empfindlich auf Veränderungen ihrer lokalen Umgebung reagieren, bietet sich die optische Spektroskopie als geeignetes Mittel an, um die mikroskopische Struktur und die Relaxations-Dynamik der Proteinmatrix durch spektrale Veränderungen der Gastmoleküle zu untersuchen.

Die Dynamik von Proteinen kann in einem vereinfachten Modell durch die in Abb. 2.7A dargestellte trichterförmige Energielandschaft beschrieben werden. Der obere Teil der Energielandschaft beschreibt den ungefalteten Zustand des Proteins. Moleküle in diesem Zustand haben die größte Konformationsfreiheit und als Konsequenz ist die Anzahl der Punkte auf der Energielandschaft sehr groß. Dies spiegelt sich durch die relativ ausgedehnte Fläche der Energielandschaft bei hohen freien Energien wieder. Wenn die Faltung fortschreitet, kommen mehr und mehr Einschränkungen zum Tragen und die Anzahl der möglichen Zustände des Proteins nimmt ab. Dies führt dazu, dass der Radius mit sich erniedrigender freier Energie abnimmt und man die charakteristische Trichterform der Energielandschaft erhält.

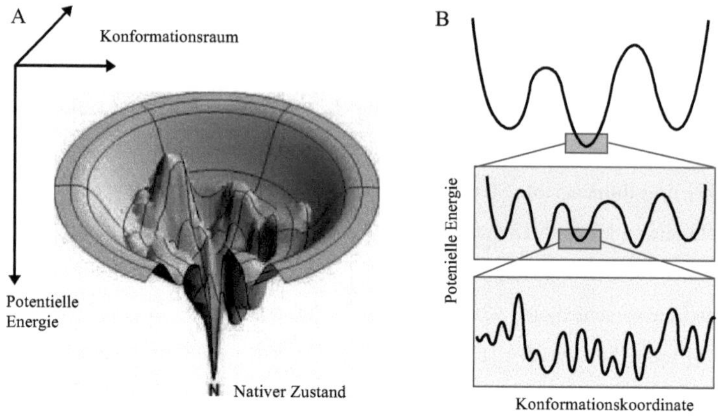

Abbildung 2.7: (A) Schematische Potentiallandschaft der Faltung eines Proteins [6]. (B) Hierarchische Struktur der Potentiallanschaft. Es sind drei aufeinanderfolgende Stufen der Hierarchie als Funktion einer verallgemeinerten Konfigurationskoordinate skizziert [26, 27].

Die CS sind in diesem Modell bei Proteinen hierarchisch organisiert. Dies bedeutet, dass CS, welche durch hohe Energiebarrieren voneinander getrennt sind, jeweils andere CS beinhalten, die durch kleinere Barrieren voneinander getrennt sind [26, 27]. Die CS, die durch vergleichbare Barrieren getrennt sind, werden als CS gleichen Ranges (engl. rank oder tier) bezeichnet. Die Höhe des Ranges ist dabei abhängig von den Energiebarrieren. Je höher der Rang, desto niedriger die Barriere zwischen den CS. Diese hierarchische Organisation der CS unterscheidet Proteine von anderen komplexen Systemen wie z.B. Gläsern.

Kapitel 3

Der photosynthetische Apparat von Purpurbakterien

Pigment-Protein-Komplexe sind Bestandteil einer Vielzahl Photosynthese betreibender Organismen. Ihr Name leitet sich davon ab, dass diese Komplexe aus einem oder mehreren Proteinen bestehen, an das verschiedene Farbstoffmoleküle in der Regel nicht-kovalent gebunden sind. Frühe Photosynthese betreibende Organismen wie Purpurbakterien besitzen ein Reaktionszentrum, in dem die ersten Schritte zur Umwandlung der absorbierten Energie in chemische Energie stattfinden und zusätzlich dazu sogenannte Antennenkomplexe, die Licht absorbieren und die absorbierte Energie an das Reaktionszentrum weiterleiten. Bei moderneren Organismen wie Cyanobakterien, Algen oder Pflanzen verschmelzen Antennen und Reaktionszentrum zu Photosystemen, die in der Lage sind, Wasser zu spalten und freien Sauerstoff zu erzeugen.

Der photosynthetische Apparat von Purpurbakterien umfasst mehrere transmembrane Proteine und Pigment-Protein-Komplexe und befindet sich in der intracytoplasmatischen Membran der Bakterien. In bakterieller Photosynthese sind die absorbierenden Farbstoffe meist Bakteriochlorophyll- oder Karotenoidmoleküle. Im Reaktionszentrum des photosynthetischen Apparates, wo die zur Energiegewinnung notwendige Ladungstrennung erfolgt, sind allerdings nur wenige solcher

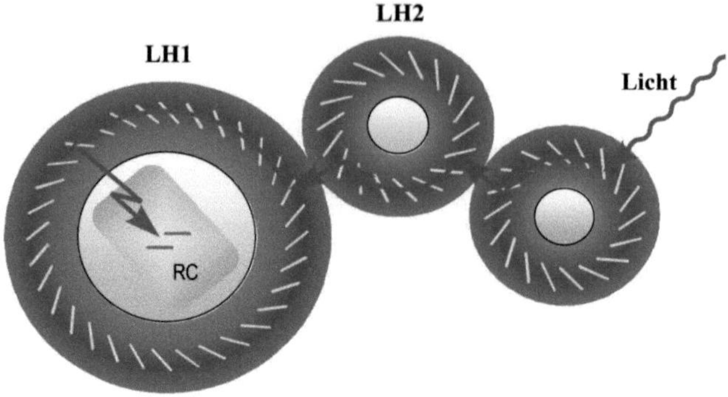

Abbildung 3.1: Darstellung des photosynthetischen Apparates von Purpurbakterien. Er besteht aus dem Reaktionszentrum (RC) und zwei Arten von Lichtsammelkomplexen: Der erste umgibt direkt das Reaktionszentrum (Lichtsammelkomplex 1, LH1) während der andere, periphere Komplex (Lichtsammelkomplex 2, LH2) seine Energie über den LH1-Komplex an das Reaktionszentrum leitet [30].

photochemisch aktiven Farbstoffe vorhanden. Zur Absorption des Sonnenlichts tragen daher im wesentlichen die viele Farbstoffe beinhaltenden Lichtsammelkomplexe (light harvesting complexes, LH) bei, welche dann das von ihnen absorbierte Licht zum Reaktionszentrum weiterleiten.

Bei Purpurbakterien treten zwei Arten von Lichtsammelkomplexen auf. Die erste umgibt direkt das Reaktionszentrum und wird als LH1-Komplex bezeichnet. Die andere Art sind periphere Lichtsammelkomeplexe (LH2, LH3), die in keinem direkten Kontakt zum Reaktionszentrum stehen [28, 29], sondern die von ihnen eingefangene Energie über LH1-Komplexe an das Reaktionszentrum weitergeben. Die supramolekulare Anordnung des photosynthetischen Apparates mit Reaktionszentrum, LH1 und LH2 ist in Abb. 3.1 dargestellt.

Lichtsammelkomplexe sind autofluoreszente Makromoleküle. Durch die intrinsisch entaltenen BChl *a*-Moleküle können sie optisch spektroskopiert werden, ohne dass ein zusätzlicher Farbstoff an das Protein gebunden werden muss. Diese enthaltenen Farbstoffe können als lokale Sonde für den sie umgebenden Teil des Proteingerüsts verwendet werden. In dieser Arbeit wurden zu diesem Zweck periphere Lichtsammelkomplexe mehrerer Spezies von Purpurbakterien untersucht. Ihre strukturellen und spektroskopischen Eigenschaften werden daher im Folgenden näher erläutert.

3.1 Struktur peripherer Lichtsammelkomplexe

Die Strukturen der LH2-Komplexe der in dieser Arbeit untersuchten Spezies *Rhodopseudomonas (Rps.) acidophila* [31, 32] und *Rhodospirillum (Rsp.) molischianum* [33] wurden durch Röntgenstrukturanalyse, die von *Rhodobacter (Rb.) sphaeroides* durch Elektronenmikroskopie erhalten [34]. Alle peripheren LH-Komplexe sind ringförmige Makromoleküle, die aus $\alpha\beta$-Apoproteinen zusammengesetzt sind. Bei den Spezies *Rps. acidophila* und *Rb. sphaeroides* sind diese quaternären Proteinstrukturen nonamerisch (Abb. 3.2A), enthalten also neun Untereinheiten von $\alpha\beta$-Apoproteinen, bei *Rsp. molischianum* ist der LH2-Komplex oktamerisch. Jede Untereinheit enthält dabei drei nicht-kovalent gebundene BChl *a*-Moleküle.

Die BChl *a*-Farbstoffe sind in zwei konzentrischen Ringen angeordnet. Diese beiden Gruppen von BChl *a*-Molekülen zeigen in Raumtemperatur Ensemblespektren zwei deutlich unterschiedliche Absorptionsmaxima. Das Maximum des in Abb. 3.2A oben, auf der zytoplasmischen Seite des Komplexes, gezeigten Rings liegt bei 800 nm, weshalb diese Anordnung aus BChl *a*-Molekülen *B800 Ring* genannt wird. Das Maximum des unten, auf der periplasmischen Seite des Komplexes eingezeichneten Rings liegt bei 850 nm, er wird deshalb als *B850 Ring* bezeichnet. Die Bakteriochlorine der BChl *a*-Moleküle des B800 Rings sind flach, fast parallel zur Membranebene orientiert. Im Gegensatz dazu sind die BChl *a*-Moleküle des B850 Rings fast senkrecht zur Membranebene ausgerichtet und, da in jeder Untereinheit zwei von ihnen vorhanden sind, auch deutlich dichter gepackt.

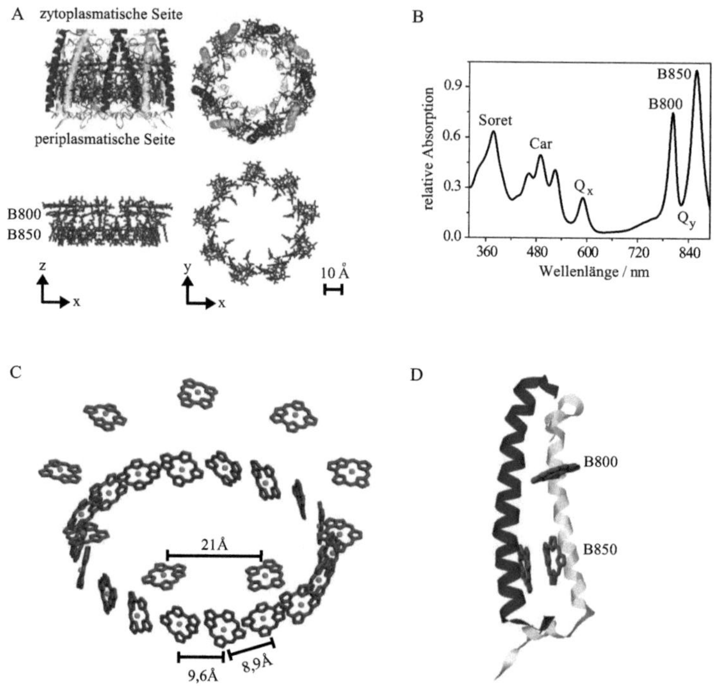

Abbildung 3.2: (A) Räumliche Struktur der peripheren Lichtsammelkomplexe von *Rps. acidophila*. Es sind sowohl die Strukturen mit Proteingerüst dargestellt (oben) als auch nur die enthaltenen BChl *a*-Moleküle. Der nonamerische Aufbau ist deutlich zu erkennen. (B) Raumtemperatur-Absorptionsspektrum von *Rps. acidophila*. Die beiden von den BChl *a*-Farbstoffen stammenden Absorptionsbanden sind bei 800 nm und 850 nm. (C) Abstände der BChl *a*-Moleküle von *Rps. acidophila*. Die 9 Farbstoffe des B800-Rings sind deutlich weiter von ihren benachbarten Farbstoffen entfernt als die 18 Farbstoffe des B850-Rings. (D) Darstellung einer $\alpha\beta$-Untereinheit mit Farbstoffen. Die Bakteriochlorine der BChl *a*-Moleküle des B800 Rings sind flach, fast parallel zur Membranebene orientiert. Im Gegensatz dazu sind die BChl *a*-Moleküle des B850 Rings fast senkrecht zur Membranebene orientiert und auch deutlich dichter gepackt, da in jeder Untereinheit zwei von ihnen vorhanden sind.

3.2 Lokalisierte und delokalisierte Anregungen

Die spektralen Eigenschaften der Chromophore eines Lichtsammelkomplexes werden, neben den Wechselwirkungen mit ihrer lokalen Proteinumgebung, auch durch Wechselwirkungen mit Nachbarchromophoren beeinflusst. Dies führt zu den, obwohl aus chemisch identischen BChl *a*-Molekülen aufgebaut, unterschiedlichen Absorptionsmaxima der B800- und B850-Ringe.

Die BChl *a*-Moleküle des B850-Rings sind so eng benachbart (Abb. 3.2C), dass eine starke exzitonische Kopplung zwischen ihnen auftritt. Die Anregungen der 2 N (bei N Untereinheiten des Rings) BChl *a*-Moleküle sind dadurch über alle Moleküle des B850-Rings verteilt und müssen durch Frenkel-Exzitonen beschrieben werden. Durch die exzitonische Kopplung verschiebt sich das Absorptionsmaximum zu den beobachteten 850 nm. Die Spektren einzelner B850-Ringe zeigen zwei breite und senkrecht zueinander polarisierte Zustände, die zu den zwei Exzitonenzuständen gehören, welche in einer ringförmigen Farbstoffanordnung Oszillatorenstärke erhalten.

Die in der Kristallstruktur wesentlich weiter voneinander entfernten BChl *a*-Moleküle des B800-Rings zeigen völlig andere spektrale Eigenschaften. Jedes B800 Spektrum eines individuellen LH2-Komplexes besteht aus mehreren schmalen Linien. Durch polarisationsabhängige optische Spektroskopie konnte gezeigt werden, dass die Farbstoffe im B800 Ring nur schwach gekoppelt und die optischen Anregungen somit hauptsächlich auf einzelnen Farbstoffen lokalisiert sind. Durch diese natürlich in das Protein eingebauten und einzeln anregbaren Farbstoffe eignen sich LH2-Komplexe besonders gut als Modellsystem zur spektroskopischen Beobachtung von Proteindynamiken.

Kapitel 4

Experimentelles

Die erste optische Detektion des Signals eines einzelnen Moleküls wurde durch ein kompliziertes Doppelmodulationsexperiment in Absorption durchgeführt [13]. Wenig später konnte allerdings gezeigt werden, dass das Fluoreszenzsignals eines einzelnen Moleküls mit einem sehr viel höherem Signal-Rausch-Verhältnis detektierbar ist als das durch seine Absorption verursachte Signal [14]. Die im Rahmen der vorliegenden Arbeit verwendete Apparatur detektiert aus diesem Grund auch das Fluoreszenzsignal der untersuchten Farbstoffe. Dabei wird die Frequenz eines Anregungslasers in dem interessierenden Wellenlängenbereich (Energiebereich des $S_0 \longrightarrow S_1$ Übergangs des Moleküls) durchgestimmt und die gesamte Intensität der vom Molekül emittierten Fluoreszenz detektiert. Dieses Verfahren wird *Fluoreszenzanregungsspektroskopie* genannt und ist mittlerweile das fast ausschließlich in der optischen Einzelmolekülspektroskopie angewandte Verfahren.

Alle im Rahmen dieser Arbeit beschriebenen Experimente wurden bei kryogenen Temperaturen durchgeführt. Die Vorteile tiefer Temperaturen in der Einzelmolekülspektroskopie sind zum Einen ein vernachlässigbares Photobleichen, was lange Beobachtungszeiten und dadurch eine Verbesserung des Signal-Rausch-Verhältnisses der Spektren erlaubt. Zum Anderen wird die Linienbreite eines optischen Übergangs durch die Unterdrückung von Kernbewegungen so stark vermindert, dass optische Eigenschaften aufgelöst werden können, welche selbst bei einem einzelnen Molekül bei Raumtemperatur hoffnungslos verbreitert wären. Und schließlich werden die Raten von Konformationsänderungen auf Zeitskalen verschoben, welche einen experimentellen Zugang zu diesen strukturellen Fluktuationen ermöglichen.

4.1 Lichtquelle und Detektoren

Um in der Einzelmolekülspektroskopie ein akzeptables Signal-Untergrund-Verhältnis zu erhalten, ist eine selektive Abschwächung von Untergrundsignalen notwendig, welche z.B. von Probenträgermolekülen stammen können. Als Anregungslichtquelle werden daher fast ausschließlich Laser verwendet. Ihr Anregungslicht kann auf Grund ihres definierten Emissionsbereiches durch optische Filterelemente so unterdrückt werden, dass es wenig zum Signaluntergrund beiträgt.

4.1.1 Lasersystem

Als Anregungslichtquelle wurde für alle Experimente ein durchstimmbarer Titan-Saphir-Laser (Ti:Sa, 3900S, Spectra Physics, Mountain View, CA, USA) verwendet. Dieser wird von einem einem frequenzverdoppelten Neodym-Yttriumvanadat-Laser (Nd:YVO_4) bei einer Wellenlänge von 532 nm und einer Leistung von 5 W optisch gepumpt. Der Laserstrahl besitzt, abhängig von seiner Wellenlänge, Ausgangsleistungen zwischen 350 – 650 mW.

Über eine Schrittmotorsteuerung kann der Ti:Sa-Mehrmoden-Laser im Dauerstrichbetrieb in einem Wellenlängenbereich von 780 – 920 nm kontinuierlich durchgestimmt werden. Der Schrittmotor (Newport, MM 4005) bewegt hierzu ein aus mehreren doppelbrechenden Quarz-Kristallplättchen bestehendes Filter (Lyot-Filter), das sich im Brewsterwinkel im Resonator des Ti:Sa-Lasers befindet. Durch die Doppelbrechung wird das passierende Licht elliptisch polarisiert, nur Licht eines schmalen Wellenlängenbereichs kann das Lyot-Filter linear polarisiert passieren. Das elliptisch polarisierte Licht erleidet im Resonator höhere Verluste als das linear polarisierte Licht und kann somit nicht mehr zur Verstärkung im Laserprozess beitragen. Die dadurch erreichte Linienbreite beträgt 30 GHz ($\approx 1\,\mathrm{cm}^{-1}$).

Beim Verfahren des Schrittmotors wird die Richtung der optischen Achse der Quarz-Plättchen des Lyot-Filters geändert. Das führt dazu, dass der Wellenlängenbereich, für den beim Durchgang die Polarisation linear polarisiert bleibt, verändert und so die Emissionswellenlänge des Lasers verstimmt wird.

4.1.2 Amplitudenstabilisierung

Die Ausgangsintensität des verwendeten Lasers schwankt über seinem gesamten Emissionsbereich zwischen 350 – 650 mW. Um die für die Einzelmolekülexperimente notwendige konstante Anregungsleistung über den in den Experimenten verwendeten Spektralbereich zu erhalten, befindet sich im Strahlengang ein elektrooptischer Modulator (EOM, auch Pockelszelle). Dieser dreht durch den linearen elektrooptischen Effekt (Pockelseffekt) die Polarisation des Lasers so, dass durch einen nachfolgendes Polarisationsfilter ein Teil der Laserleistung unterdrückt werden kann. Dadurch kann die im Experiment verwendete Lichtleistung auf einen konstanten Wert eingestellt werden.

In Kristallen ohne Symmetriezentrum kann unter dem Einfluss eines angelegten elektrischen Feldes eine Doppelbrechung induziert werden. Diese ist proportional zum angelegten elektrischen Feld und damit auch direkt proportional zur angelegten Spannung, so dass der EOM die Polarisation des Laserstrahls in Abhängigkeit von der angelegten Spannung dreht. Durch einen Regelkreis wird die Polarisation so gedreht, dass die Laserintensität, welche vom hinter dem EOM angebrachten Polarisationsfilter durchgelassen wird, konstant ist. Diese Laserintensität wird gemessen, indem vom Laser durch einen Glaskeil ein Teil auf eine Photodiode geleitet wird. Die dadurch an der Photodiode entstehende Spannung dient als Regelsignal. Durch den Regelkreis können Fluktuationen mit Frequenzen $< 10\,\mathrm{kHz}$ herausgefiltert werden.

4.1.3 Kamerasystem

In der Einzelmolekülspektroskopie verwendete Detektoren dürfen ein nur geringes Rauschen aufweisen und sollten empfindlich genug sein, um selbst einzelne Photonen detektieren zu können.

Für die Weitfeldaufnahmen wurden CCD-Kameras (charge coupled device, CCD) vom Typ iXon DV887 (Andor Technology, Belfast, GB) und 512 SB (Roper Scientific Princeton Intruments, Trenton, NJ, USA) verwendet. CCD-Bildsensoren bestehen aus einer Matrix lichtempfindlicher Photodioden (Pixel). Einfallende Photonen führen zu einer Ladungstrennung in den einzelnen Dioden. Diese Ladungen fließen jedoch nicht sofort nach außen ab sondern werden in der Speicherzelle selbst gesammelt. Deren gespeicherte Ladung ist dann proportional zur Anzahl der eingefangenen Photonen.

Im Ausleseprozess werden die Ladungen schrittweise zum Ausleseverstärker verschoben. Es wird eine von der Ladung und somit der Lichtmenge abhängige elektrische Spannung ausgegeben. Die Ladungen der einzelnen Pixel werden hintereinander ausgegeben, wogegen das ursprüngliche Bild parallel entsteht, indem alle Pixel gleichzeitig belichtet werden.

Die Aufnahmen mit den CCD-Kameras dienten im Rahmen dieser Arbeit zur Charakterisierung der Probe, d.h. insbesondere zur Lokalisierung einzelner, von ihren benachbarten Molekülen gut separierten, Probenmoleküle.

4.1.4 Avalanche Photodiode

Zur Aufnahme der Fluoreszenzanregungsspektren wurde eine Avalanche Photodiode (APD, SPCM-AQR-16, EG&G) mit einer Dunkelzählrate von weniger als $25\,s^{-1}$ verwendet. Um dieses geringe Untergrundsignal zu gewährleisten, wird die Photodiode durch ein Peltier-Element gekühlt und die Temperatur zudem noch stabilisiert. Der geringe Durchmesser des Detektors von nur $170\,\mu m$ wurde dabei als Detektions-Lochblende bei der konfokalen Mikroskopie verwendet.

Eine APD besitzt im Gegensatz zur einer CCD-Kamera nur eine einzelne Photodiode als Detektor. An diese Photodiode wird eine Spannung angelegt, die größer als die Durchbruchspannung des Halbleiterübergangs der Diode ist. Dadurch werden in einer APD von einfallenden Photonen freigesetzte Ladungsträger im elektrischen Feld derart beschleunigt, dass sie durch Stoßionisation weitere Elektron-Loch-Paare (eine "Lawine") erzeugen. Durch die hohe anliegende Spannung kann selbst durch ein einzelnes einfallendes Photon eine solche Lawine von Ladungsträgern erzeugt werden. Dieser Strom wird von der anliegenden Elektronik gemessen und als TTL-Signal ausgegeben (Amplitude 2, 5 V, Dauer 30 ns).

Ladungsträger-Lawinen werden in einer APD aktiv unterdrückt. Die dadurch entstehenen Totzeiten liegen im Bereich von ns und sind für die im Rahmen dieser Arbeit beschriebenen Experimente, bei denen die zeitliche Auflösung 10 ms beträgt, ohne Belang.

4.2 Meßplatz

Der im Rahmen dieser Arbeit verwendete Meßplatz erlaubt die laserinduzierte optische Spektroskopie einzelner Moleküle bei kryogenen Temperaturen. Dazu können die eingebrachten Proben charakterisiert werden, indem die Apparatur als Weitfeldmikroskop verwendet wird und die Positionen der einzelnen Moleküle auf dem Probensubstrat bestimmt werden. Die Spektroskopie eines einzelnen Moleküls wird ermöglicht durch den Betrieb des Messplatzes als konfokales Mikroskop.

4.2.1 Weitfeld-Mikroskop

Die Positionen der zu untersuchenden Moleküle sind auf dem Probensubstrat statistisch verteilt. Um nun Spektren eines einzelnen Moleküls aufnehmen zu können, muss sichergestellt sein, dass das zu untersuchende Molekül so weit von benachbarten Probenmolekülen entfernt ist, dass diese keine Beträge zum Detektionssignal liefern. Dazu wird der Meßplatz als Weitfeldmikroskop betrieben und von der Probe eine Weitfeldaufnahme gemacht, auf der die Positionen der einzelnen

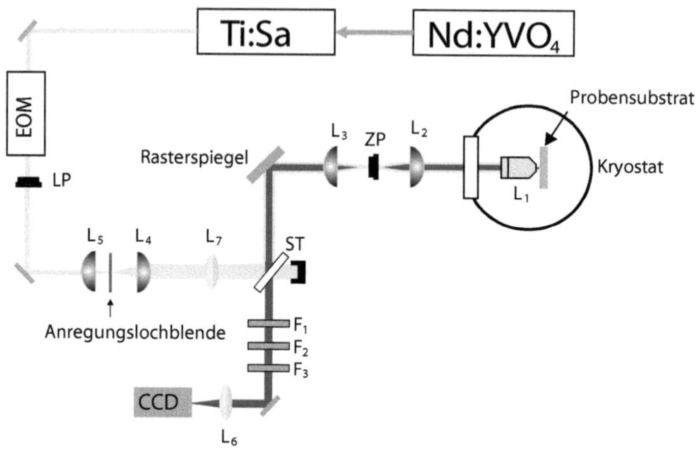

Abbildung 4.1: Strahlengang im Weitfeldmodus. Der Anregungspfad ist gelb dargestellt, der Detektionspfad rot. Das Objektiv im Kryostaten (L_1) stellt zusammen mit der vor dem Detektor befindlichen Okularlinse (L_4) das eigentliche Weitfeldmikroskop dar. Details im Text.

Probenmoleküle zu erkennen sind.

Bei der Untersuchung im Weitfeldmodus befindet sich die Probe in der Fokusebene (Abb. 4.1) des im Kryostaten befindlichen und vollständig ins flüssige Helium eingetauchten Objektivs (L_1, f=2,9mm, NA=0,85 in Luft, NA=0,5 in flüssigem Helium, Microthek, Deutschland). Um eine großflächige Beleuchtung der Probe zu erreichen, wird das Anregungslicht durch eine langbrennweitige Linse (L_7, f = 140 mm) defokussiert, wodurch eine Fläche von etwa $40 \times 40\,\mu m^2$ auf der Probe beleuchtet wird. Die Anregungswellenlänge des Lasers wird dabei in das Maximum der zu untersuchenden Moleküle gelegt (800 nm im Fall der in dieser Arbeit verwendeten LH2-Komplexe). Das Fluoreszenzlicht wird durch dasselbe Mikroskopobjektiv eingefangen (Epifluoreszenzverfahren) und in Richtung des Detektors geleitet. Das Objektiv im Kryostaten stellt zusammen mit der vor dem Detektor befindlichen Okularlinse mit großer Brennweite (L_6, f = 200 mm) das eigentliche Weitfeldmikroskop dar.

Beim vom Objektiv eingefangenen Emissionslicht wird durch mehrere Bandpassfilter (F_1-F_3, Zentralwellenlänge 875 nm, Breite 50 nm, AHF Analysentechnik, Tübingen, Deutschland) das noch vorhandene Anregungslicht geblockt und auf eine CCD-Kamera abgebildet. In den erhaltenen Bildern sind einzelene Moleküle als beugungsbegrenzte Airy-Muster zu erkennen. Dadurch ist es möglich, auf der Probe einen räumlich von den benachbarten Komplexen separierten LH2-Komplex auszuwählen und durch den Betrieb der Apparatur im kofokalen Modus zu untersuchen.

Die zwei telezentrischen Linsen (L_2 und L_3, f = 100 mm), welche direkt vor dem Kryostaten stehen, sorgen dafür, dass bei Verkippung des kardanisch aufgehängten Rasterspiegels der in das Objektiv tretende Strahl in der Fokusebene der Probe verbleibt. Ihr Abstand zu Rasterspiegel und Objektiv ist so gewählt, dass die Ebene des Rasterspiegels immer auf die hintere Fokusebene des Objektivs abgebildet wird. Es kommt daher bei Veränderung der Scanspiegel-Position zu keiner Abschattung am Objektiv.

4.2.2 Konfokales Mikroskop

Die wesentliche Herausforderung bei der optischen Spektroskopie einzelner Moleküle ist die Separation des Signals des untersuchten Farbstoffes vom Untergrundsignal. Bei der konfokalen Mikroskopie führen insbesondere zwei Faktoren zu einem im Gegensatz zu anderen Methoden stark verbesserten Signal-Untergrund-Verhältnis:

- durch ein minimales, nur durch die beugungsbegrenzte Auflösung des Objektivs gegebenes Anregungsvolumen (im beschriebenen Aufbau in der Größenordnung eines Femtoliters ($1\,\mu m^3$)) wird auch die Anzahl der zum Untergrund beitragenden Streuzentren minimiert

- durch das konfokale Prinzip (Abb. 4.3) wird Licht, welches seinen Ursprung außerhalb des Anregungsvolumens hat, unterdrückt

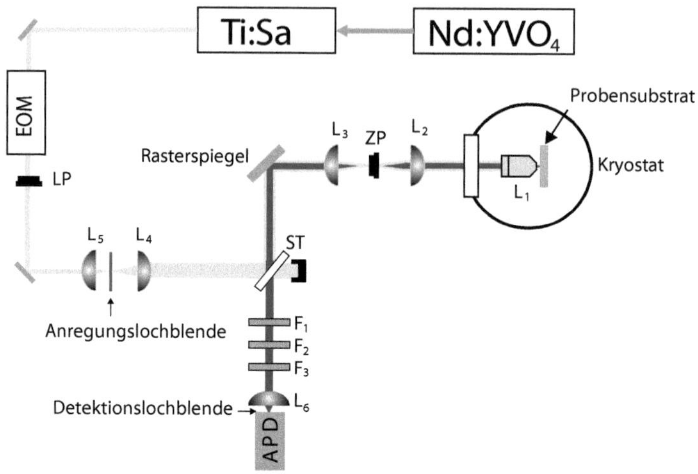

Abbildung 4.2: Konfokaler Strahlengang am Aufbau. Der Anregungspfad ist gelb dargestellt, der Detektionspfad rot. Anregungslochblende, Fokalebene des Objektivs und Detektionslochblende sind zueinander konjugierte Ebenen. Details im Text.

Beim Betrieb im konfokalen Modus wird das Anregungslicht auf eine Lochblende fokussiert (Linse L_5, f=25mm). Diese Lochblende dient als Punktlichtquelle im konfokalen Mikroskop. Das von ihr ausgehende und räumlich gefilterte Licht wird von Linse L_4 (f=50mm) aufgefangen und als paralleles Lichtbündel im Anregungspfad weitergeleitet. Die unterschiedlichen Brennweiten der Linsen L_4 und L_5 führen dabei zu einer Strahlaufweitung ("Teleskop"), die so gewählt ist, dass der Durchmesser des parallelen Laserstrahls im Anregungspfad der Eintrittsapertur des verwendeten Objektivs L_1 entspricht.

Von dem von der Lochblende ausgehenden Anregungslicht werden von einen Strahlteiler (ST) etwa 4% zum Kryostaten geleitet. Über einen Rasterspiegel und durch ein telezentrisches Linsensystem wird das Anregungslicht im Kryostaten durch ein Objektiv beugungsbegrenzt in dessen Fokalebene abgebildet. Bei den

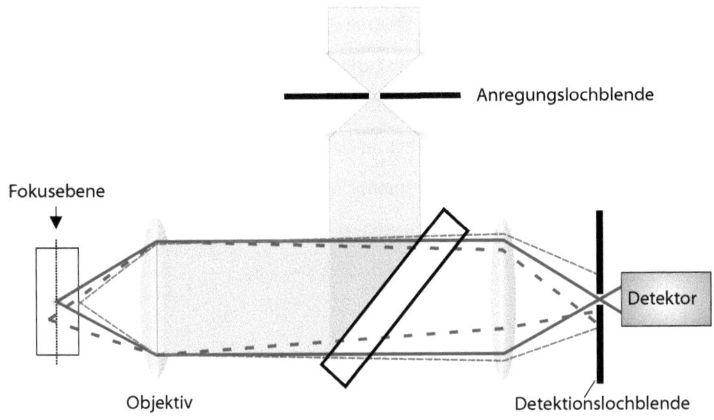

Abbildung 4.3: Schematische Darstellung des konfokalen Prinzips. Anregungslochblende, Fokalebene des Objektivs und Detektionslochblende sind zueinander konjugierte Ebenen. Die Anwendung des konfokalen Prinzips führt zu der effektiven Unterdrückung von Streu- und Fluoreszenzlicht, welches seinen Ursprung ausserhalb des untersuchten Anregungsvolumens hat. Dies führt zu einem gegenüber anderen Mikroskopietechniken deutlich verbesserten Signal-Untergrund-Verhältnis.

verwendeten Wellenlängen im nahen Infrarotbereich und der vorher angegeben numerischen Apertur des Objektivs beträgt das Volumen des beugungsbegrenzten Bereichs $1\,\mu m^3$.

Das Fluoreszenzlicht des untersuchten Moleküls wird mit demselben Objektiv aufgesammelt und nach Unterdrückung des Anregungslichtes durch mehrere Bandpassfilter (siehe Weitfeld-Mikroskop) auf eine Avalanche Photodiode abgebildet. Der Detektor der APD hat einen Durchmesser von $170\,\mu m$ und wird gleichzeitig als Detektionslochblende verwendet. Die Datenerfassung erfolgt mit einer Zählkarte.

Nur Licht, welches diese zweite Lochblende passiert, wird durch die APD nachgewiesen. Durch die Anwendung des konfokalen Prinzips (Abb. 4.3) wird Licht, welches von Objekten vor oder hinter der Fokalebene stammt, durch die Detektionslochblende effektiv unterdrückt. Die Anregungslochblende, die Fokalebene des Objektivs und die Detektionslochblende sind dabei zueinander konjugierte Ebenen. Die Anwendung des konfokalen Prinzips führt zu der effektiven Unterdrückung von Streu- und Fluoreszenzlicht, das seinen Ursprung ausserhalb des konfokalen Volumens hat. Dies führt zu einem gegenüber anderen Mikroskopietechniken deutlich verbesserten Signal-Untergrund-Verhältnis [35].

4.2.3 Kryostat und Probenhalter

In der beschriebenen Apparatur wird ein Eigenbau-Heliumbadkryostat verwendet, in dem die Probe und das bei den Messungen verwendete Objektiv vollständig im zur Kühlung verwendeten flüssigen Helium eingetaucht sind. Der Probenraum des Kryostaten ist umgeben von mehreren Kammern, die entweder zur Isolation evakuiert (Hochvakuum, 10^{-6} mbar) oder mit flüssigem Stickstoff gefüllt sind.

Im Hochvakuum ist die mittlere freie Weglänge der Restgaspartikel größer als die Abmessungen der Vakuumkammer, wodurch der Wärmetransport durch das Restgas minimiert wird. Der mit flüssigem Stickstoff gefüllte Bereich des Kryostaten dient als zusätzlicher Wärmeschild.

Im Probenraum wird durch Dampfdruckerniedrigung eine Temperatur von $1,4\,\mathrm{K}$ erreicht. Das eingefüllte Helium ist bei diesen Bedingungen suprafluid. Es besitzt deswegen neben einem ausgezeichneten Wärmetransportverhalten auch auch die zur Einzelmolekülspektroskopie notwendige Schlieren- und Blasenfreiheit. Die durch Lasereinstrahlung erzeugte Wärme wird sehr schnell abtransportiert und verhindert so eine Erwärmung der Probe. Mit einer Kryostatfüllung können Messzeiten von bis zu zehn Stunden erreicht werden, was eine Vorraussetzung für die im Ergebnisteil dieser Arbeit beschriebenen Messungen langer Serien von Einzelmolekülspektren ist.

Durch eine Stellschraube (Fokusschraube) kann die Probe zur Positionierung der Probe in die Fokusebene des Objektivs axial verschoben werden. Eine zweite

Stellschraube (Positionsschraube) ermöglicht es, die Proben lateral zu verschieben, um so verschiedene Bereiche der Probe zu untersuchen.

4.2.4 Verwendete Proben

In dieser Arbeit sind die im Folgenden aufgeführten peripheren Lichtsammelkomplexe untersucht worden. Zusammen mit der Spezies der Komplexe sind die Kooperationspartner, welche die Bakterien kultiviert und die Komplexe isoliert haben, aufgeführt. Die Komplexe sind in den angegebenen Puffern bei −80°C bis zur Verwendung aufbewahrt worden.

Spezies:	*Rhodopseudomonas (Rps.) acidophila* (strain 10050) [31, 32]
Komplex:	LH2
Puffer:	20 mM Tris/HCl (pH 8.0), 0.1% LDAO
Kooperationspartner:	R. Cogdell, University of Glasgow, Glasgow, Großbritannien
Spezies:	*Rhodobacter (Rb.) sphaeroides* (strain 2.4.1) [34]
Komplex:	LH2
Puffer:	20 mM Tris/HCl (pH 8.0), 0.1% LDAO
Kooperationspartner:	R. Cogdell, University of Glasgow, Glasgow, Großbritannien
Spezies:	*Rhodospirillum (Rsp.) molischianum* [33]
Komplex:	LH2
Puffer:	20 mM Tris/HCl (pH 8.0), 0.1% LDAO
Kooperationspartner:	H. Michel, MPI für Biophysik, Frankfurt, Deutschland

4.2.5 Atomkoordinaten

Die zur Darstellung der Strukturen der Lichtsammelkomplexe verwendeten Atomkoordinaten von LH2 von *Rsp. molischianum* (Eintragsnummer: 1LGH) und von LH2 von *Rps. acidophila* (Eintragsnummer: 1NKZ) wurden aus der Proteindatenbank (http://www.pdb.org/) entnommen.

4.2.6 Verwendete Chemikalien

Handelsname	Chemischer Name	Hersteller
LDAO	Lauryldimethylamin N-oxid	Sigma Aldrich
Tris	Tris-hydroxymethyl-aminomethan	Sigma Aldrich
DOPC	1,2-Dioleoyl-sn-Glycero-3-Phosphocholin	Avanti Polar Lipids
PVA	Polyvinylalkohol (M_w=124000-186000 g/mol)	Sigma Aldrich

Tabelle 4.1: Liste der zur Probenpräparation verwendeten Chemikalien. Der Reinheitsgrad aller verwendeten Chemikalien war für analytische Zwecke geeignet (p.a.)

4.3 Probenpräparation

4.3.1 PVA-Matrix

Die Stammlösung der Lichtsammelkomplexe wird in einer Verdünnungsreihe durch Zugabe der im Abschnitt 4.2.6 angegebenen Puffer auf eine Konzentration von 10^{-10} M verdünnt [16]. Im letzten Verdünnungsschritt wird ein Lösungsmittel verwendet, welches zusätzlich zum Puffer noch 2% Polyvinylalkohol (PVA) enthält. Von diesem letzten Verdünnungsschritt werden 15 μl auf ein Substrat (SiO_2 oder LiF, ø 9, 9 mm, Dicke 2 mm) aufgeschleudert (60 s, 2500 Umdrehungen/s), wodurch ein Polymerfilm mit einer Dicke $\ll 1\,\mu$m erzeugt wird. In diesen Polymerfilm sind dann die einzelnen LH-Komplexe eingebettet und für die Spektroskopie immobilisiert. Abschließend wird die Probe in den Kryostaten eingebracht und auf 1, 4 K abgekühlt.

4.3.2 Rekonstitution in einer Bilipidschicht

Neben den in PVA immobilisierten Lichtsammelkomplexen sind für Referenz-Experimente auch in DOPC-Bilipidmembranen eingebettete Lichtsammelkomplexe spektroskopiert worden. Diese der natürlichen Umgebung der Komplexe ähnlichere Matrix erlaubt den Vergleich mit dem im vorigen Abschnitt beschriebenen PVA als Matrix und daher Rückschlüsse auf den Einfluß der Komplex-Umgebung auf seine spektroskopischen Eigenschaften.

Zur Rekonstitution von LH2-Komplexen in einer Bilipidschicht werden zunächst Vesikel aus DOPC erzeugt, in welche die Lichtsammelkomplexe anschließend eingebettet werden. Die Herstellung von DOPC-Vesikel ist ausführlich in [36] beschrieben. Zu der Lösung von DOPC-Vesikeln werden LH2-Komplexe von *Rps. acidophila* (strain 10050) in einem Gewichtsverhältnis LH2:DOPC von 1:160000 hinzugegeben. Dieser Überschuss von DOPC führt zur Einbettung von einzelnen Lichtsammelkomplexen in die Vesikel. Durch Dialyse wird über einen Zeitraum von drei Tagen das noch verbliebene LDAO aus der LH2-Lösung entfernt.

Von der membran-rekonstituierten LH2-Lösung werden $25\,\mu$l auf ein Quartz-Substrat pipettiert. Über einen Zeitraum von 10 Minuten adsorbieren die LH2-Komplexe an das Substrat. Anschließend wird die Probe für 60 Sekunden bei 2000 Umdrehungen/Minute abgeschleudert [36].

Die Probe wird direkt nach der Präparation in den mit flüssigem Stickstoff vorgefüllten Kryostaten eingebracht und dadurch schockgefroren. Anschließend wird sie im Heliumbad auf $1,4\,$K abgekühlt.

Kapitel 5

Tieftemperaturmodell von Proteinen

Gefrorene Lösungen von Proteinen erscheinen auf einer makroskopischen Skala ungeordnet, homogen und isotrop, so dass ihre Eigenschaften oft mit denen von Gläsern verglichen wurden [37]. Diese strukturelle Unordnung von Proteinen führt dazu, dass ihre Dynamik durch eine komplexe Potentialhyperfläche, die aus vielen lokalen, durch Barrieren getrennten Minima zusammengesetzt ist, beschrieben werden muss [4, 38]. Der Vergleich mit Gläsern legt allerdings nahe, für die komplexe Potentialhyperfläche der Proteine eine einfachere Beschreibung zu wählen, bei der benachbarte, durch eine Potential-Barriere getrennte Minima, zu einem Doppelmuldenpotential zusammengefasst werden. Es wird dabei angenommen, dass strukturelle Dynamik nur in räumlich begrenzten Regionen auftritt und z.B. durch Atomgruppen, die sich zwischen zwei Positionen umlagern können, verursacht wird. Eine solche sich umlagernde Atomgruppe kann durch ein Doppelmuldenpotential beschrieben werden. Die Potentialhyperfläche des Proteins kann dann, analog zu der Beschreibung von Gläsern, durch eine statistische räumliche Verteilung dieser Doppelmuldenpotentiale angenähert werden.

Die Dynamik von Gläsern und Proteinen deckt bei Raumtemperatur Zeitskalen über viele Größenordnungen ab [39]. Ein möglicher experimenteller Zugang wird daher durch die Spektroskopie bei kryogenen Temperaturen ermöglicht. So konnte die detaillierte Organisation der Potentiallandschaft eines Proteins direkt beobachtet werden, indem die Zeitskalen dieser Fluktuationen durch Abkühlung auf 1,4 K in einen experimentell zugänglichen Bereich verschoben wurden [27, 40]. Außerdem werden für Proteine bei kryogenen Temperaturen die verschiedenen Unterstrukturen durch eine statische Verteilung von Barrieren getrennt, wodurch nur noch deutlich voneinander getrennte Konformationszustände eingenommen werden können. Da bei diesen Temperaturen ausschließlich die energetisch niedrigsten Zustände der Doppelmuldenpotentiale besetzt sind, können diese durch Zwei-Niveau-Systeme (two-level systems, TLS) angenähert werden [8, 9, 41]. Die Dynamik wird dann analog zur Beschreibung von Gläsern durch die Wechselwirkung mit einer statistischen räumlichen Verteilung von TLS beschrieben. Auf die Beschreibung einzelner TLS und der sie kennzeichnenden Parameter wird ausführlich im einleitenden Abschnitt zum Tieftemperaturmodell von Gläsern (Kap. 2.3.4) eingegangen.

Lochbrenn- und Photon-Echo-Experimente an der in Myoglobin enthaltenen Häm-Gruppe haben aber auch eindeutig gezeigt, dass die Gesetzmäßigkeiten durch welche die spektrale Diffusion beschrieben wird, sich in Proteinen und Gläsern unterscheiden können [10]. Daraus ergibt sich die naheliegende und noch ungeklärte Frage, ob das Wechselspiel von Ordnung und Unordnung, welches eine spezifische Eigenschaft von Proteinen ist, zu neuen Eigenschaften der strukturellen Dynamik von Proteinen im Unterschied zur der von Gläsern führt.

Zum Vergleich der Dynamik von Gläsern und Proteinen werden zunächst die Vorhersagen des TLS-Standardmodells für einzelne in Gläser eingebettete Farbstoffe hergeleitet und diese mit den experimentellen Ergebnissen von einzelnen, in Lichtsammelkomplexen von Purpurbakterien enthaltenen BChl a-Molekülen, verglichen.

5.1 Spektrale Dynamik nach dem TLS-Standardmodell

Das TLS-Standardmodell geht zur Beschreibung der Wechselwirkung einzelner Farbstoffe mit umgebenden TLS, neben den in Kap. 2.3.4 gemachten Annahmen für einzelne TLS, insbesondere davon aus, dass aufgrund ihrer geringen Dichte eine Wechselwirkung zwischen ihnen ausgeschlossen werden kann.

Die Verstimmung der Resonanzfrequenz eines Farbstoffes wird also bestimmt durch seine Wechselwirkung mit den ihn umgebenden Matrixmolekülen, im TLS-Standardmodell beschrieben durch eine statistische räumliche Verteilung von wechselwirkungsfreien TLS. Wechselt ein solches TLS im Abstand $\mathbf{R}$ vom Farbstoff seinen Zustand, erzeugt das eine Änderung des Dipolmoments $\boldsymbol{\Delta\mu}_{TLS}$ welches durch Dipol-Dipol-Wechselwirkung zu einer Frequenzverschiebung $\delta\nu(\mathbf{R})$ des Farbstoffes führt:

$$\delta\nu(\mathbf{R}) = \frac{1}{4\pi\epsilon_0 h}\left(\frac{\boldsymbol{\Delta\mu}_{TLS}\cdot\boldsymbol{\mu}_F}{R^3} - \frac{3(\boldsymbol{\Delta\mu}_{TLS}\cdot\mathbf{R})(\boldsymbol{\mu}_F\cdot\mathbf{R})}{R^5}\right) \tag{5.1}$$

Dabei ist $\boldsymbol{\Delta\mu}_{TLS}$ die durch den Übergang des TLS erzeugte Dipolmoment-Änderung, $\boldsymbol{\mu}_F$ das Dipolmoment des Farbstoffes, ϵ_0 die Vakuumpermittivität und h das Plancksche Wirkungsquantuum. Die Beiträge der einzelnen TLS sind dabei additiv. Nummeriert man die einzelnen TLS mit dem Index n und betrachtet die Wechselwirkung des Farbstoffes mit einer Verteilung von TLS, erhält man daraus die zeitabhängige molekulare Resonanzfrequenz $\nu_{mol}(t)$ des Farbstoffes als

$$\nu_{mol}(t) = \nu_0 + \sum_n \zeta_n(t)\cdot\delta\nu_n \tag{5.2}$$

mit ν_0 als der molekularen Resonanzfrequenz des Farbstoffes, die sich ergibt, wenn sich alle mit ihm wechselwirkenden Zwei-Niveau-Systeme im Grundzustand befinden. $\zeta_n(t)$ kann die Werte Null oder Eins annehmen und beschreibt den Anregungszustand eines TLS. Die Wahrscheinlichkeit für einen Übergang eines TLS hängt dabei nur vom Zustand zur Zeit t ab, nicht jedoch von einem früheren Zustand (*Markov-Prozess*). Die von den Zwei-Niveau-Systemen verursachte spektrale Verschiebung $\nu_{mol} - \nu_0$ ist somit die Summe von vielen unabhängigen, gleichverteilten Zufallsvariablen und entspricht deshalb einem eingeschränkten, eindimensionalen spektralen *random walk* [42].

5.2 Verteilung der Resonanzfrequenzen und Linienbreiten nach dem TLS-Standardmodell

Die Zeitabhängigkeit von Gl. 5.2 führt bei wiederholten Messungen an einem einzelnen Farbstoff zu einer von den TLS verursachten Verteilung der Resonanzfrequenzen, deren Form durch den allgemeinen Ausdruck

$$I(\nu) = \frac{1}{V^N} \int_V dR_1 \cdots \int_V dR_N P(\mathbf{R}_1, ..., \mathbf{R}_N) \times \delta(\nu - \sum_{n=1}^{N} \tilde{\nu}(\mathbf{R}_n)) \qquad (5.3)$$

beschrieben werden kann. Dabei ist V das Volumen der Probe, N die Anzahl der mit dem Farbstoff wechselwirkenden TLS und V^N die sich daraus ergebende Normierungskonstante. $P(\mathbf{R}_1, ..., \mathbf{R}_N)$ beschreibt die Wahrscheinlichkeit, ein TLS an der Position $\mathbf{R}_n$ zu finden. Das in der δ-Funktion auftretende $\tilde{\nu}(\mathbf{R}_n)$ ist der Beitrag einer an Position $\mathbf{R}_n$ befindlichen Matrixeinheit zur Gesamtverstimmung ν des Farbstoffes.

In ihrer allgemeinen Form ist die Linienform in Gl. 5.3 durch eine Lévy-Statistik beschreibbar [43], so dass der zentrale Grenzwertsatz auf dieses Problem anwendbar ist [44]. Dieser Zusammenhang mit Lévy-Statistiken ist ein Resultat der langreichweitigen Wechselwirkungen zwischen TLS und Farbstoff. Die zur Herleitung der Linienformen des TLS-Standardmodells verwendete Theorie zur Beschreibung der inhomogenen Linienverbreiterung [45] setzt auch langreichweitige Wechselwirkungen voraus, und kann daher ebenfalls durch Lévy-Statistiken beschrieben werden [46].

Die Gültigkeit des TLS-Standardmodells für ein zu untersuchendes System kann nun konkret dadurch überprüft werden, dass ein analytischer Ausdruck für $I(\nu)$ ermittelt wird und dieser mit der experimentell bestimmten Verteilung der Resonanzfrequenzen verglichen wird.

Zur Auswertung des Ausdrucks für $I(\nu)$ muss zunächst $P(\mathbf{R}_1, ..., \mathbf{R}_N)$ faktorisiert werden:

$$P(\mathbf{R}_1, ..., \mathbf{R}_N) = \prod g(\mathbf{R}_n) \tag{5.4}$$

Die bei dieser Faktorisierung gemachte Annahme der völligen Unabhängigkeit der Positionen voneinander vernachlässigt zwar die Tatsache, dass verschiedene TLS nicht die exakt gleiche Position einnehmen können, jedoch ist diese Näherung, insbesondere in ungeordneten Matrizen, problemlos vertretbar [47].

Die Delta-Funktion in Gl. 5.3 kann durch ihre Fourier-Schreibweise ausgedrückt werden, indem eine Funktion

$$J(x) = \rho \int_V d\mathbf{R}\; g(\mathbf{R})\; (1 - e^{-i\phi(\mathbf{R})x}) \tag{5.5}$$

definiert wird, mit $\rho = \frac{N}{V}$ der Dichte der Zwei-Niveau-Systeme. Damit lässt sich die gesuchte Verteilung schreiben als

$$I(\nu) = \frac{1}{2\pi} \int_{-\infty}^{+\infty} dx\; e^{i\nu x}\; e^{-J(x)} \tag{5.6}$$

was zusammen mit Gl. 5.5 das allgemeine Ergebnis der *stochastischen Theorie der Linienformen* darstellt [45].

Die Herleitung einer analytischen Form dieser Verteilung wird durch die Modellannahme vereinfacht, dass alle Matrix-Dipole radial orientiert sind, ohne dass dadurch die physikalische Sitatuion wesentlich verändert wird [47]. Das Dipolmoment der TLS $\boldsymbol{\mu}_{TLS,n}$ ist dann parallel zum Richtungsvektor $\mathbf{R}$ und Gl. 5.1 reduziert sich zu einer skalaren Gleichung:

$$\delta\nu(R) = -\frac{2\mu_F \Delta\mu_{TLS}}{4\pi\epsilon_0 h} \frac{\cos\theta}{R^3} \tag{5.7}$$

Dabei ist θ der Winkel zwischen dem Matrix-Dipol und dem Farbstoff. Für die räumliche Verteilung $g(R)$ der Zwei-Niveau-Systeme wird die Verteilung

$$g(R) = \begin{cases} 1 & \text{for} R \geqslant R_C \\ 0 & \text{for} R < R_C \end{cases} \tag{5.8}$$

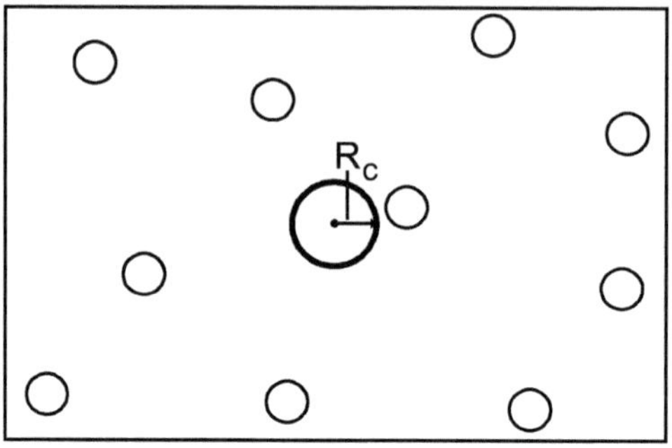

Abbildung 5.1: Schematische Darstellung der TLS-Verteilung nach dem TLS-Standardmodell. Der Farbstoff ist von einem TLS-freien Volumen mit Radius R_C umgeben. Die Ausdehnung dieses Volumens entspricht der Größe des Farbstoffes und ist deutlich kleiner als der mittlere TLS-TLS-Abstand.

angenommen. Dies bedeutet, dass sich ein TLS überall außerhalb eines kugelförmigen Volumens mit Radius R_C um den Farbstoff befinden kann, nicht aber innerhalb dieses Volumens, wie in Abb. 5.1 schematisch dargestellt. Die Notwendigkeit der Annahme eines Ausschlußvolmens am Ort des Farbstoffes ergibt sich aus der Abstandsabhängigkeit der Wechselwirkung, da bei einem Abstand $R \ll R_C$ unphysikalische Verstimmungen der Resonanzfrequenz auftreten würden.

Dass der Radius R_C der Größe des Farbstoffes entspricht, ist neben der Wechselwirkungfreiheit der TLS, ihrer statistisch verteilten Parameter (Kap. 2.3.4) und der Dipol-Dipol-Wechselwirkung zwischen TLS und Farbstoff eine zentrale Annahme des TLS-Standardmodells. Verwendet man das vereinfachte Potential aus Gl. 5.7, erhält man nach der Rechnung in [47] für die Verteilung der spektralen Positionen um die Frequenz ν_0 des Farbstoffes eine Lorentz-Verteilung:

$$I(\nu) = \frac{1}{\pi} \frac{z_1}{(\nu - \nu_0)^2 + {z_1}^2} \tag{5.9}$$

Anschaulich beschreibt Gl. 5.9 zwei Eigenschaften der TLS-Verteilung:

- Eine große Anzahl TLS in einem Abstand deutlich größer als R_C trägt zu jeweils kleinen Verstimmungen der Resonanzfrequenz des Farbstoffes bei, wodurch die Halbwertsbreite der Lorentzlinie bestimmt wird.

- Durch die geringe Größe des Ausschlussvolumens gibt es aber auch eine Population von TLS in der Nähe des Farbstoffes. Dies drückt sich durch die auch bei größeren spektralen Verstimmungen nur langsam abfallende Lorentzform aus.

Die in [45, 48] ausführlich dargestellte Rechnung liefert analog für die Verteilung der Linienbreiten eine Smirnov-Verteilung:

$$\Gamma(\omega) = \frac{2}{\sqrt{\pi} {z_2}^2} \left(\frac{{z_2}^2}{2\omega} \right)^{3/2} \exp\left(-\frac{{z_2}^2}{2\omega} \right) \tag{5.10}$$

5.3 Spektrale Momente und Kumulanten einer optischen Anregung

Nachdem analytische Beschreibungen der Vorhersagen des TLS-Standardmodells für die Linienpositionen und Linienbreiten hergeleitet wurden, sind die Vorraussetzungen für einen Vergleich der beiden vorhergesagten Verteilungen mit experimentellen Daten gegeben. Da die Linienform eines Farbstoffes in einer amorphen Umgebung im allgemeinen irregulär sein kann [49], wird zu diesem Vergleich dieselbe Vorgehensweise der Kumulantenanalyse verwendet wie in [48], wo die Gültigkeit des TLS-Standardmodells für einzelne Tetra-tert-Butylterrylen-Moleküle in einer Poly-Isobutylen-Matrix bei einer Temperatur von 2 K gezeigt wurde. Die Linienpositionen und -breiten einzelner Farbstoffe im B800-Band von LH2-Komplexen könnten zwar, wie in [27] gezeigt, durch Anpassung von Lorentzkurven gewonnen werden, jedoch stellt die Kumulantenanalyse eine verallgemeinerte, von der Linienform unabhängige Vorgehensweise dar und bietet hier zudem noch den Vorteil der direkten Vergleichbarkeit der gewonnenen Ergebnisse mit [48].

Für einen diskreten Datensatz ist das erste zentrale Momente eines optischen Überganges so definiert:

$$M_1 = \frac{1}{I_{ges}} \sum_i \nu_i I_i \tag{5.11}$$

Dabei ist M_1 das erste spektrale Moment und I_i die Fluoreszenzintensität an der spektralen Position ν_i. I_{ges} ist die Summe der Fluoreszenzintensitäten des Spektrums und wird zur Normierung der Momente verwendet:

$$I_{ges} = \sum_i I_i \tag{5.12}$$

Das erste spektrale Moment ist ein generalisiertes Maß für die spektrale Position eines optischen Übergangs und entspricht dem spektralen Schwerpunkt seines Spektrums.

Das zweite spektrale Moment ergibt sich durch folgenden Zusammenhang aus dem diskreten Datensatz und dem ersten spektralen Moment:

$$M_2 = \frac{1}{I_{ges}} \sum_i (\nu_i - M_1)^2 I_i. \tag{5.13}$$

Das zweite Moment ist ein generalisiertes Maß für die Linienbreite eines optischen Übergangs. Die höheren spektralen Momente sind ein Maß für Asymmetrien (*Schiefigkeiten*) der Linienformen eines optische Übergangs und können mit folgender Rekursionsformel berechnet werden:

$$M_n = \frac{1}{I_{ges}} \sum_i (\nu_i - M_1)^n I_i \qquad \text{für} \qquad n \geqslant 2 \tag{5.14}$$

Höhere als das zweite spektrale Moment sind jedoch im Rahmen der vorliegenden Arbeit nicht untersucht worden.

Die spektralen Momente sind für analytische Rechnungen jedoch oft nicht geeignet, da eine Integration über ihren Definitionsbereich nicht notwendigerweise zu endlichen Werten führt. Sie werden daher üblicherweise durch die spektralen Kumulanten ersetzt, welche rekursiv aus den Momenten berechnet werden können:

$$K_1 = M_1 - M_0 \tag{5.15}$$

$$K_2 = M_2 - \overbrace{(M_1 - M_0)^2}^{K_1{}^2} \tag{5.16}$$

M_1 und M_2 sind die bereits definierten spektralen Momente und M_0 ist die Frequenz des optischen Übergangs ohne Wechselwirkung des Chromophors mit seiner Umgebung. Diese spektrale Position ist experimentell zwar nicht direkt zugänglich, jedoch konnte durch numerische Simulationen gezeigt werden, dass die Verwendung des spektralen Schwerpunktes eines optischen Übergangs statt der "Vakuum-Frequenz" M_0 auf die berechneten Kumulanten nur einen vernachlässigbaren Einfluss hat [50]. Für die Verteilungen der ersten beiden Kumulanten als generalisiertes Maß der spektralen Positionen und Linienbreiten gilt also analog zu Gl. 5.9 und Gl. 5.10:

$$I(K_1) = \frac{1}{\pi} \frac{z_1}{K_1{}^2 + z_1{}^2} \tag{5.17}$$

$$\Gamma(K_2) = \frac{2}{\sqrt{\pi} z_2{}^2} \left(\frac{z_2{}^2}{2K_2} \right)^{3/2} \exp\left(-\frac{z_2{}^2}{2K_2} \right) \tag{5.18}$$

5.4 Experimentelle Ergebnisse

LH2-Komplexe der Spezies *Rb. sphaeroides*, Strain 2.4.2, wurden, wie in Kapitel 4.3.1 beschrieben, präpariert, in den Kryostaten eingebracht und auf $1,4\,\mathrm{K}$ abgekühlt. Durch das Weitfeldmikroskop wurden einzelne Lichtsammelkomplexe lokalisiert und im konfokalen Modus der Apparatur Fluoreszenzanregungsspektren dieser einzelnen Lichtsammelkomplexe aufgenommen. Der Laser wurde dabei mit einer Geschwindigkeit von $44\,\mathrm{cm^{-1}/s}$ über einen Bereich von 250 bis $500\,\mathrm{cm^{-1}}$ verstimmt, so dass die Messzeit eines Spektrums in der Größenordnung von etwa $5 - 10\,\mathrm{s}$ lag. Durch die aufeinanderfolgende Messung von Spektren an einzelnen Komplexen konnten lange Serien von 1000-2000 Einzelspektren erhalten werden.

An jedem der untersuchten Komplexe wurden diese Serien von Spektren bei drei verschiedenen Anregungsintensitäten von 5, 10 und 15 W/cm^2 aufgenommen.

Eine Serie von Spektren enthählt sowohl die spektralen Informationen der Einzelspektren, als auch die zeitlichen Informationen über die Veränderungen der Einzelspektren während der Messzeit. Diese Informationen können in einer zweidimensionalen Darstellung (*Diffusionsplot*) veranschaulicht werden, bei der die Aufnahmezeit eines Spektrums auf einer Achse und die spektrale Position auf der anderen Achse angezeigt wird. Die Intensität der Spektren ist dabei farbkodiert. In Abb. 5.2A ist eine Serie von Spektren eines einzelnen Lichtsammelkomplexes durch einen solchen Diffusionsplot dargestellt.

Im Diffusionsplot in Abb. 5.2A ist die zeitliche Entwicklung mehrerer Absorptionen gut zu erkennen. In Abb. 5.2B sind einzelne Spektren der in Abb. 5.2A markierten Absorption gezeigt und Lorentzprofile an die Spektren angepasst.

Die beschriebenen langen Serien von Spektren bei drei verschiedenen Anregungsintensitäten konnten für fünf einzelne Lichstammelkomplexe der Spezies *Rb. sphaeroides* gewonnen werden. Aus allen diesen Serien wurden, wie in 5.2A durch den markierten Bereich dargestellt, spektrale Intervalle ausgewählt, in denen nur eine einzelne, von den benachbarten Anregugen deutlich separierte, Anregung vorhanden ist. Für diese Bereiche wurden die ersten beiden Momente und Kumulanten jedes Einzelspektrums berechnet. Die Verteilungen der ersten beiden Momente und Kumulanten der in Abb. 5.2A gekennzeichneten optischen Anregung im B800-Band eines LH2-Komplexes der o.g. Spezies sind in Abb. 5.3 dargestellt.

Aus Abb. 5.3A,C erkennt man, dass die Linienformen des Histogramms des ersten spektralen Moments und der ersten Kumulante identisch sind, da das Histogramm der ersten Kumulante durch eine Neuskalierung der Energieskala aus dem Histogramm des ersten spektralen Moments hervorgeht. Bei dieser Neuskalierung wird der Ursprung des Energieskala in den spektralen Schwerpunkt der Verteilung der ersten Kumulante gelegt. Die Linienform der zweiten Kumulante unterscheidet sich deutlich von der Linienform des zweiten spektralen Moments. In Abb. 5.3C sind an die Verteilung der ersten Kumulante eine Lorentz- und eine Gaußkurve an-

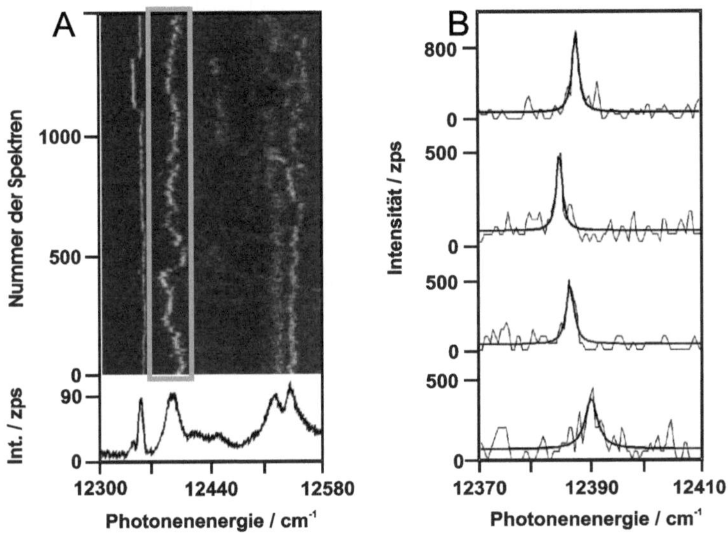

Abbildung 5.2: (A) Oben: Zweidimensionale Darstellung einer Serie von 1500 Fluoreszenz-Anregungsspektren der B800-Bande eines einzelnen Lichtsammelkomplexes von *Rb. sphaeroides* bei $1,4\,\mathrm{K}$. Die horizontale Achse stellt die spektrale Position dar, die vertikale Achse die Nummern der Spektren, was gleichbedeutend zu einer Zeitinformation ist. Die Spektren wurden bei einer Anregungsintensität von $10\,\mathrm{W/cm^2}$ aufgenommen und der Laser mit einer Geschwindigkeit von $44\,\mathrm{cm^{-1}/s}$ verstimmt. Unten: Summenspektrum der Messung. Die Intensität ist in Zählereignissen pro Sekunde (zps) angegeben. (B) Beispiele von Einzelspektren der in (A) markierten Absorption. An die Einzelspektren sind Lorentzprofile angepasst.

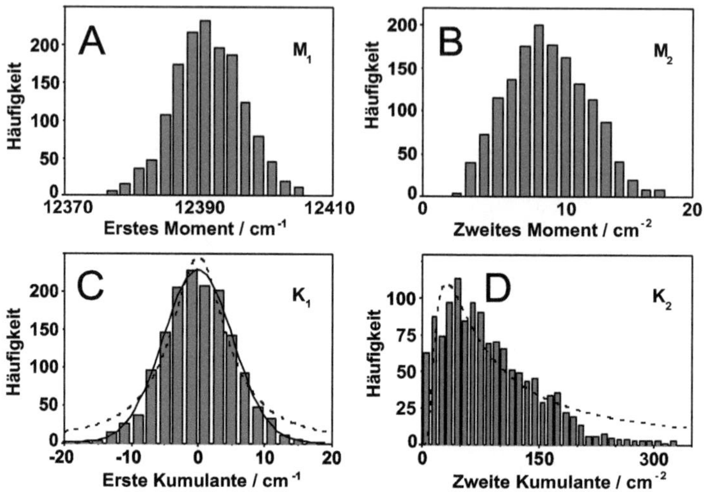

Abbildung 5.3: Verteilung des (A) ersten spektralen Moments, (B) zweiten spektralen Moments, (C) der ersten spektralen Kumulante, und (D) zweiten spektralen Kumulante des in Abb. 5.2A gekennzeichneten optischen Übergangs. Die gestrichelten Linien in den Bildteilen C und D sind Anpassungen von Gl. 5.17 bzw. Gl. 5.18. Die durch die Anpassungen erhaltenen Parameter sind $z_1 = 5,0\,\mathrm{cm}^{-1}$ und $z_2 = 9,6\,\mathrm{cm}^{-1}$. Die durchgezogene Linie in Bildteil C entspricht einer Gaußkurve mit einer Breite von $10,3\,\mathrm{cm}^{-1}$ (FWHM).

gepasst. An das Histogramm der zweiten Kumulante ist eine Smirnov-Verteilung angepasst. Bei den Anpassungen kann man eine gute Übereinstimmung zwischen der Gaußkurve und dem Histogramm der ersten Kumulante erkennen. Die Anpassung der Lorentzkurve zeigt dagegen deutliche Abweichungen, vor allem im Bereich von Energien, die $> 10\,\mathrm{cm}^{-1}$ vom Ursprung der Verteilung entfernt sind. Die Abweichung der Smirnov-Verteilung von den experimentellen Daten ist analog dazu im Bereich größerer Linienbreiten (in der Darstellung ab etwa $180\,\mathrm{cm}^{-2}$) besonders deutlich.

Aus den gemessenen Serien von Spektren wurden für 23 einzelne Anregungen die Verteilungen der ersten und zweiten Kumulante ermittelt. Dass einige Anregungen nicht mit in die Analyse aufgenommen werden konnten, liegt daran, dass eine ausreichende spektrale Separation von benachbarten Anregungen für die Kumulantenanalyse notwendig ist. Dieses Kriterium bleibt aber für die durchgeführte Analyse ohne Konsequenzen, da alle untersuchten Komplexe ein unkorreliertes spektrales Diffusionsverhalten ihrer Pigmente aufwiesen und daher eine Wechselwirkung zwischen diesen ausgeschlossen werden kann.

In Abb. 5.4 sind vier Beispiele der Verteilungen der ersten Kumulante einzelner optischer Anregungen dargestellt. Man sieht anhand dieser Darstellungen, dass sich an drei der vier dargestellten Verteilungen nicht eine einzelne Gaußverteilung anpassen lässt. Jedoch lässt ihre Form, speziell die Bimodalität von Abb. 5.4 C und D vermuten, dass sie aus mindestens zwei Komponenten zusammengesetzt sind. Verwendet man zur Anpassung eine Summe aus zwei (Abb. 5.4 C und D) oder drei (Abb. 5.4A) Gaußkurven, erhält man die als durchgezogene Linien dargestellten Verteilungsfunktionen. Die zur Summe beitragenden einzelnen Gaußkurven sind zur Verdeutlichung zusätzlich eingezeichnet und gestrichelt dargestellt. Von den ermittelten 23 Verteilungen können 11 durch eine einzelne Gaußverteilung angepasst werden, 9 müssen durch eine Summe aus zwei und drei durch eine Summe aus drei Gaußverteilungen angepasst werden. Durch diese Vorgehensweise können alle experimentellen Daten ausgezeichnet beschrieben werden.

Die Breite (FWHM) der bei den Anpassungen ermittelten Gaußverteilungen liegt in einem Bereich zwischen $3\,\mathrm{cm}^{-1}$ und $13\,\mathrm{cm}^{-1}$ mit einem Mittelwert von $8\,\mathrm{cm}^{-1}$. Es ist dabei kein systematischer Unterschied zwischen den Verteilungsbreiten der einzeln mit Gaußkurven anpassbaren Histogrammen und den Breiten der Gaußkurven aus den zusammengesetzten Histogrammen zu erkennen. In den 12 Fällen, in denen zwei oder drei Gaußkurven angepasst werden müssen, sind die Zentralpositionen der Gaußkurven zwischen $3\,\mathrm{cm}^{-1}$ und $12\,\mathrm{cm}^{-1}$ (Mittelwert $7\,\mathrm{cm}^{-1}$) voneinander entfernt. Ebenso konnte kein durch die drei verwendeten Anregungsleistungen verursachter systematischer Unterschied festgestellt werden, die experimentellen Ergebnisse werden deshalb nicht nach Anregungsleistung unterschieden.

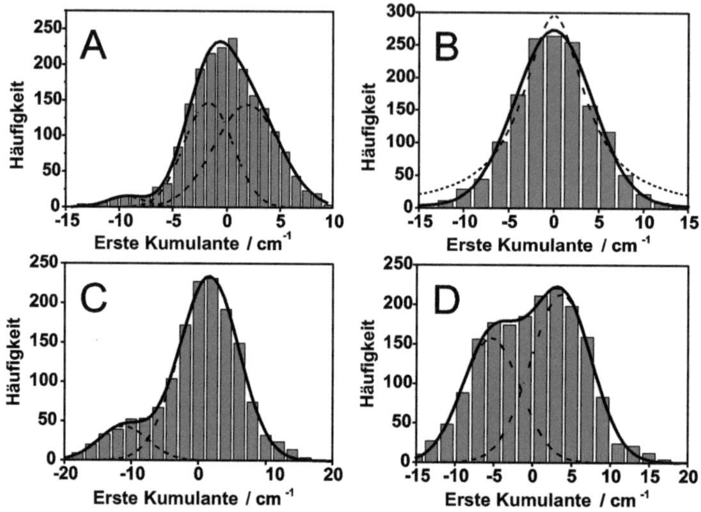

Abbildung 5.4: Verteilungen der ersten spektralen Kumulante von mehreren individuellen Absorptionen. Die gestrichelten Linien entsprechen Anpassungen von Gaußkurven, die durchgezogenen Linien sind die Summen der angepassten Gaußkurven. Der Ursprung der Energieskala ist die mittlere spektrale Position der untersuchten Absorption.

(A) Die Halbwertsbreiten (FWHM) der angepassten Gaußkurven sind $3,5\,\mathrm{cm}^{-1}$, $4,5\,\mathrm{cm}^{-1}$ und $6.1\,\mathrm{cm}^{-1}$. Der spektrale Abstand der Gaußkurven ist $7,7\,\mathrm{cm}^{-1}$ und $3,6\,\mathrm{cm}^{-1}$ (von links nach rechts). (B) Die FWHM der einzelnen angepassten Gaußkurve ist $8.5\,\mathrm{cm}^{-1}$. Zur Illustration ist auch eine Lorentzkurve (gestrichelte Linie) and die Kumulantenverteilung angepasst. (C) Die Halbwertsbreiten (FWHM) der angepassten Gaußkurven sind $8,8\,\mathrm{cm}^{-1}$ und $7,4\,\mathrm{cm}^{-1}$. Der spektrale Abstand der Gaußkurven ist $12,8\,\mathrm{cm}^{-1}$. (D) Die Halbwertsbreiten (FWHM) der angepassten Gaußkurven sind $7,8\,\mathrm{cm}^{-1}$ und $7,4\,\mathrm{cm}^{-1}$. Der spektrale Abstand der Gaußkurven ist $8,9\,\mathrm{cm}^{-1}$.

5.5 Gültigkeit des TLS-Standardmodells

Das TLS-Standardmodell macht für die Linienformen der Verteilungen der ersten beiden Kumulanten klare, im einleitenden Teil dieses Kapitels ausführlich beschriebene Vorhersagen: das Histogramm der ersten Kumulante muss durch eine Lorentzkurve angepasst werden können, die Verteilung der zweiten Kumulante muss einer Smirnov-Verteilung entsprechen. Anpassungen dieser durch Gl. 5.17 und Gl. 5.18 gegebenen Verteilungen an die experimentell gewonnenen Verteilungen der ersten und zweiten Kumulante (Abb. 5.3C,D) führen zu den in den Histogrammen gestrichelt dargestellten Kurven.

Die Übereinstimmung zwischen den vom TLS-Standardmodell vorhergesagten Wahrscheinlichkeitsverteilungen und den experimentellen Ergebnissen ist offensichtlich unbefriedigend. Abweichungen zwischen der vom TLS-Standardmodell vohergesagten Lorentzkurve und den experimentellen Häufigkeiten der ersten Kumulante treten besonders bei Energien mit großem energetischen Abstand zum Ursprung der Verteilung (für die dargestellte Anregung ab etwa $10\,\mathrm{cm}^{-1}$) auf. In diesem Bereich bleibt die experimentell ermittelte deutlich unter der vom TLS-Standardmodell vorhergesagten Häufigkeit der ersten Kumulante. Dies bedeutet, dass die durch die Wechselwirkung mit den TLS induzierte Verstimmung des Farbstoffes seltener um mehr als $10\,\mathrm{cm}^{-1}$ vom Schwerpunkt der Verteilung abweicht als theoretisch vorhergesagt. Die Abweichung der Smirnov-Verteilung von den experimentellen Daten ist analog dazu im Bereich größerer Linienbreiten (in der Darstellung ab etwa $180\,\mathrm{cm}^{-2}$) besonders deutlich. Auch hier bleibt die experimentell ermittelte Häufigkeit größerer Linienbreiten unter der theoretisch vorhergesagten.

Die Diskrepanz zwischen der vom TLS-Standardmodell vorhergesagten Wahrscheinlichkeitsverteilungen und den hier gewonnenen experimentellen Ergebnissen wird zudem besonders deutlich, wenn man sie mit der beeindruckender Genauigkeit vergleicht, mit der die Gültigkeit des TLS-Standardmodells zur Beschreibung der spektralen Dynamik eines in ein Glas eingebetteten Farbstoffes gezeigt werden konnte [48]. Bei dieser Untersuchung der Kador-Gruppe wurden die durch das

Modell getroffenen Vorhersagen über die Verteilung der Resonanzfrequenzen und Linienbreiten eingebetteter Farbstoffe mit experimentell gewonnenen Verteilungen dieser Parameter verglichen. Das Ergebnis war eine ausgezeichnete Übereinstimmung zwischen den theoretisch vorhergesagten und experimentell gewonnenen Verteilungen.

Verwendet man zur Anpassung der Verteilung der ersten Kumulante eine Gauß- anstelle einer Lorentz-Kurve, wie durch die durchgezogene Linie in Abb. 5.3C gezeigt, erhält man im Gegensatz zur Lorentzanpassung eine hervorragende Übereinstimmung. Zusammen mit den vorher beschriebenen Diskrepanzen der Anpassungen der Lorentz- und Smirnovkurven stehen diese Ergebnisse in klarem Gegensatz zu den Vorhersagen des TLS-Standardmodells. Die Ergebnisse zeigen eindeutig, dass die spektrale Diffusion einzelner, in Proteine eingebetteter Farbstoffe, nicht durch das TLS-Standardmodell beschrieben werden kann.

Zweifel an der Anwendbarkeit des TLS-Standardmodells wurden bereits durch Lochbrenn-Experimente an kleinen, wasserlöslichen Proteinen der Friedrich-Gruppe [10, 34] hervorgerufen. Diese Arbeiten wurden an Häm-Proteinen mit einem veränderten und dadurch für optische Spektroskopie verwendbarem Farbstoff durchgeführt. Im Gegensatz dazu stammen die hier beschriebenen Ergebnisse aus der Untersuchung der spektralen Diffusion einzelner Farbstoffe eines autofluoreszenten Pigment-Protein-Komplexes, so dass zur Anwendung optischer Spektroskopie als Untersuchungsmethode keine Veränderungen an Farbstoff oder Protein vorgenommen werden mussten. Durch die Verwendung der konfokalen Fluoreszenzanregungsspektroskopie konnte zudem die ultimative Auflösungsgrenze einzelner eingebetteter Farbstoffe erreicht werden. Damit konnte durch die hier beschriebenen Ergebnisse erstmals anhand einzelner, in eine Proteinmatrix eingebetteter Chromophore, gezeigt werden, dass die spektrale Dynamik von Proteinen im allgemeinen nicht durch das TLS-Standardmodell beschrieben werden kann.

5.6 Das Farbstoff im Hohlraum-Modell

Nachdem mit dem TLS-Standardmodell die spektrale Dynamik einzelner Anregungen der untersuchten Lichtsammelkomplexe nicht erklärt werden konnte, stellt sich die Frage nach einer geeigneten Modifikation des Modells, welche die Vorhersagen dieses neuen Modells mit den experimentellen Ergebnissen in Übereinstimmung bringen kann. Hilfreich hierfür ist eine qualitative Analyse der Diskrepanzen zwischen den bisherigen theoretischen Vorhersagen und den experimentellen Daten. In Abb. 5.3 C sieht man, dass die experimentellen Daten ab $10\,\mathrm{cm}^{-1}$ deutlich schneller abfallen als die Flanken der Lorentzkurve, d.h. die Resonanzfrequenz ist bei dem beobachteten Farbstoff seltener um mehr als diese $10\,\mathrm{cm}^{-1}$ von der Frequenz des ungestörten Farbstoffes entfernt, als es das TLS-Standardmodell vorhersagt. Wegen der Abstandsabhängigkeit der Dipol-Dipol-Wechselwirkung zwischen Farbstoff und TLS weist diese Abwesenheit starker spektraler Verstimmungen auf eine geringe Anzahl von TLS in unmittelbarer Nähe des Farbstoffes hin.

Das TLS-Standardmodell geht von statistisch verteilten TLS aus, mit der zur Berechnung der Verteilungsfunktionen der Linienpositionen und -breiten notwendigen Ausnahme eines TLS-freien Ausschlußvolumens mit einem Radius deutlich kleiner als der mittlere TLS-TLS-Abstand. Die experimentell gefundene Abwesenheit von stark zur spektralen Verstimmung der Resonanzfrequenz beitragenden TLS (also TLS mit geringem Abstand zum Farbstoff) lässt sich nun an dieser Stelle durch eine Erhöhung des Radius des Ausschlußvolumens berücksichtigen, wie in Abb. 5.5 schematisch dargestellt.

Bei den nachfolgenden Überlegungen wird angenommen, dass der Radius R_C deutlich größer als der Farbstoff und zudem auch deutlich größer als der mittlere TLS-TLS-Abstand ist. Dies wird zur Unterscheidung vom TLS-Standardmodell das *Farbstoff im Hohlraum*-Modell genannt. Die Berechnung des analytischen Ausdrucks der Verteilungsfunktion der ersten Kumulante aus Gl. 5.3 liefert mit den jetzt verwendeten Annahmen für R_C eine gaußförmige Verteilung der Linienpositionen. Darüberhinaus konnte gezeigt werden, dass diese Verteilung der Lini-

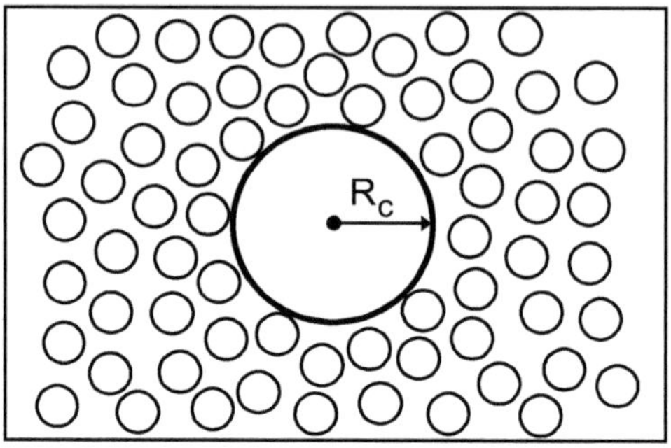

Abbildung 5.5: Schematische Darstellung der TLS-Verteilung nach dem *Farbstoff im Hohlraum*-Modell. Der Farbstoff ist von einem TLS-freien Volumen mit Radius R_C umgeben. Die Ausdehnung des TLS-freien Volumens ist deutlich größer als der Farbstoff und zugleich auch deutlich größer als der mittlere TLS-TLS-Abstand.

enpositionen unabhängig vom angenommenen Wechselwirkungspotential (TLS-Standardmodell nimmt Dipol-Dipol-Wechselwirkung an) ist [47]:

$$I(K_1) = \frac{1}{z_1\sqrt{2\pi}} e^{\left(-\frac{1}{2}\left(\frac{K_1}{z_1}\right)^2\right)} \tag{5.19}$$

Durch Anpassung dieser Gaußverteilung an die experimentellen Daten kann der Parameter z_1 gewonnen werden. Er ist ein Maß für die Breite der Verteilung der ersten Kumulante und damit auch ein Maß für die spektrale Diffusion des beobachteten Farbstoffes. Mit dieser einfachen Modifikation der TLS-Verteilung lässt sich nun die gaußförmige Verteilung der ersten Kumulante in Abb. 5.3 zwanglos erklären. Aus dieser hervorragenden Übereinstimmung zwischen Modell-Vorhersage und experimentellen Ergebnissen kann daher auf die Existenz eines deutlich größeren Ausschlußvolumens um das untersuchte BChl *a*-Molekül geschlossen werden, als es das TLS-Standardmodell annimmt.

Um zu untersuchen, ob das Ausschlußvolumen um einzelne Farbstoffe eine universelle Eigenschaft der LH2-Komplexe der Spezies *Rb. sphaeroides* ist, muss die beschriebene Analyse der Linienformen der ersten Kumlante für alle 23 experimentell erhaltenen Histogramme durchgeführt werden. Aus der Tatsache, dass die experimentell gewonnenen Verteilungen der ersten Kumulante bei etwa 50% der untersuchten Übergänge nur durch Überlagerung von zwei oder drei Gaußkurven, deren Zentren deutlich voneinander getrennt sind, beschrieben werden können, kann auf das Vorhandensein zweier unterschiedlicher Prozesse bei der spektralen Diffusion geschlossen werden. Einerseits gibt es Prozesse, die nur zu geringen spektralen Verschiebungen zwischen aufeinanderfolgenden Spektren im Bereich von $1 - 3\,\mathrm{cm}^{-1}$ führen und die gaußförmigen Verteilungen der ersten Kumulanten zur Folge haben. Diese Prozesse werden durch das Farbstoff im Hohlraum-Modell vollständig beschrieben. Andererseits gibt es Prozesse, welche die Zentren der Gaußverteilungen zwischen zwei oder drei Positionen verschieben und dazu führen, dass die Histogramme der ersten Kumulanten durch eine Überlagerung mehrerer Gaußkurven angepasst werden müssen. Diese zweite Art von Prozessen tritt nur bei etwa 50% aller untersuchten Übergänge überhaupt auf und steht im Widerspruch zum bisher beschriebenen *Farbstoff im Hohlraum*-Modell.

5.7 TLS-Klassen in LH2-Komplexen

Aus der Existenz zweier Arten von Prozessen muss auch auf die Existenz zweier Klassen von TLS, die mit dem Farbstoff wechselwirken, geschlossen werden. Zum einen muss dies eine Klasse von TLS sein, die zu den einzelnen beobachteten Gaußverteilungen führt. Dies gilt sowohl für die Histogramme, welche durch eine einzelne Gaußverteilung anpassbar sind, als auch für die einzelnen gaußförmigen Beiträge der zusammengesetzten Histogramme. Das Vorhandensein dieser Klasse lässt sich erklären, indem man diese TLS mit den durch das Farbstoff im Hohlraum-Modell beschriebenen TLS identifiziert, welche sich außerhalb des TLS-freien Volumens um den Farbstoff befinden und deshalb einen großen Abstand zum Farbstoff aufweisen. Der Radius dieses TLS-freien Volumens R_C beschreibt damit einen Mindestabstand zwischen den TLS und dem Farbstoff. Durch diesen Mindestabstand werden die spektralen Verschiebungen auf das experimentell beobachtete Maß von $1 - 3\,\mathrm{cm}^{-1}$ reduziert.

Die andere Klasse von TLS führt zu den Verschiebungen der Zentren der Gaußverteilungen in den aus zwei oder drei Verteilungen zusammengesetzten Histogrammen, tritt also überhaupt nur bei der Hälfte der untersuchten Anregungen auf (12 von 23 untersuchten Anregungen). Die durch diese Klasse von TLS hervorgerufenen spektralen Verschiebungen sind dabei deutlich größer als die der ersten Klasse und liegen im Bereich von $7 - 10\,\mathrm{cm}^{-1}$. Der in dieser Arbeit unterbreitete Vorschlag ist nun, dass die deutlich höhere Wechselwirkungsstärke dieser zweiten Klasse von TLS durch einen geringeren Abstand zum Farbstoff hervorgerufen wird (Abb. 5.6). Einen geringeren Abstand als die erste Klasse von TLS zu haben, bedeutet aber, sich innerhalb des durch das *Farbstoff im Hohlraum*-Modell für die erste TLS-Klasse vorausgesetzten Hohlraumes zu befinden. Durch die Annahme eines TLS-freien Hohlraumes können die experimentell ermittelten spektralen Verteilungen nicht vollständig erklärt werden. Eine Erweiterung des Modells durch die zusätzliche Annahme einzelner, sich innerhalb des Radius R_C befindlichen TLS, führt zu einer vollständigen Erklärung der experimentellen Daten und stellt damit eine signifikante Verbesserung dieses Modells dar.

Für die beiden gefundenen Klassen von TLS lässt sich also folgende Einteilung und Charakterisierung vornehmen:

Klasse 1:
- Abstand zwischen TLS und Farbstoff $> R_C$
- Sehr große Anzahl TLS
- Erzeugen Verstimmungen von $\delta\nu \approx 1 - 3\,\mathrm{cm}^{-1}$

Klasse 2:
- Abstand zwischen TLS und Farbstoff $< R_C$
- Weniger als 1 TLS pro Farbstoff oder Protein
- Erzeugen Verstimmungen von $\delta\nu \approx 7 - 10\,\mathrm{cm}^{-1}$

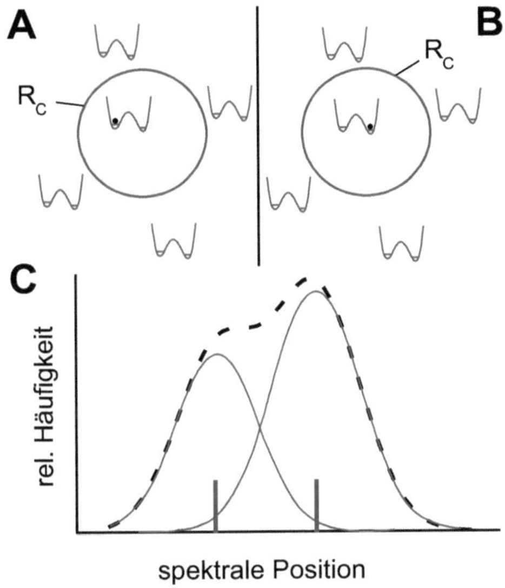

Abbildung 5.6: (A) Die Verteilung der ersten Kumulante eines in ein einzelnes Protein eingebetteten Farbstoffes wird durch seine Wechselwirkung mit zwei Klassen von TLS hervorgerufen. Klasse 1 hat einen Abstand zum Farbstoff der grösser ist als R_C und ist grün eingezeichnet. Ein einzelnes TLS der Klasse 2 befindet sich innerhalb des Hohlraumes mit Radius R_C und ist rot eingezeichnet. (B) Das einzelne TLS der Klasse 2 befindet sich in einem anderen Zustand als in (A). Da der geringe Abstand dieses TLS zum Farbstoff zu großen Verstimmungen von $\delta\nu \approx 7 - 10\,\mathrm{cm}^{-1}$ führt, erzeugt der Zustandswechsel des TLS die beiden in (C) rot eingezeichneten spektralen Positionen des Farbstoffes. Diesen großen spektralen Änderungen sind die relativ kleinen Verstimmungen Bereich von $\delta\nu \approx 1 - 3\,\mathrm{cm}^{-1}$ von TLS der Klasse 1 aufgeprägt, wodurch die grün eingezeichneten Gaußverteilungen entstehen. Die Wechselwirkung des Farbstoffes mit beiden TLS-Klassen erzeugt die gestrichelt eingezeichnete Linienform der Verteilung der ersten Kumulante.

Kapitel 6

Spektraler Diffusionskern und hierarchische Struktur einzelner Proteine

Die spektrale Dynamik einzelner, in Proteine eingebetteter Farbstoffe kann, wie im vorangegangenen Kapitel gezeigt wurde, nicht durch das TLS-Standardmodell erklärt werden. Vielmehr wird die Dynamik durch zwei, sich durch ihren Abstand vom Farbstoff und durch ihre TLS-Häufigkeit unterscheidende Klassen von TLS, bestimmt. Ein wesentlicher Grund für die Existenz mehrerer Klassen von TLS kann durch die Tatsache gegeben sein, dass im Gegensatz zu einem in ein Glas eingebetteten Farbstoff die Umgebung eines in ein Protein eingebetteten Farbstoffes hierarchisch organisiert ist [27]. Der Farbstoff selbst wird dabei von der unmittelbaren Bindungstasche umgeben, darauf folgt die Proteinmatrix, dann folgt die Protein-Lösungsmittel-Grenze und schließlich das Lösungsmittel selbst. Als Konsequenz ist es sehr wahrscheinlich, dass diese strukturelle Hierarchie eine Verteilung von TLS verursacht, welche wiederum die verschiedenen TLS-Farbstoff-Kopplungen beinflusst [40]. Infolgedessen ist es nicht überraschend, dass sich die Dynamik der spektralen Diffusion in Proteinen von derjenigen in Gläsern unterscheidet. Im Folgenden wird nun aus der Dynamik des Farbstoffes eine Abschätzung für die vorliegenden TLS-Farbstoff-Abstände der beiden TLS-Klassen getroffen und diese Abstände anschließend mit der strukturellen Hierarchie der Lichtsammelkomplexe verglichen.

6.1 Der spektrale Diffusionskern eines einzelnen Proteins

Ein bisher in dieser Arbeit noch nicht diskutierter Ansatz zur theoretischen Untersuchung der spektralen Diffusion wird durch das Konzept des spektralen Diffusionskerns beschrieben [51]. Durch Lochbrenn-Spektroskopie konnte der spektrale Diffusionskern von in Proteine eingebetteten Farbstoffen gemessen werden [10]. Der durch Lochbrenn-Spektroskopie an (Sub-)Ensemblen von Proteinen gemessene spektrale Diffusionkern ist wegen der intrinsischen Eigenschaften dieser Methode allerdings nur als Überlagerung der Verteilung der Linienpositionen mit der Verteilung der Linienbreiten messbar. Diese Einschränkung kann erst durch eine Methode wie der Einzelmolekülspektroskopie überwunden werden, bei der einzelne optische Übergänge untersucht und daher auch die Verteilung ihrer Parameter (insbesondere Linienposition und -breite) unabhängig voneinander bestimmt werden können. Der spektrale Diffusionskern einzelner, in Proteine eingebetteter, Farbstoffe ist in der Literatur bislang aber noch nicht beschrieben worden.

Der spektrale Diffusionskern kann definiert werden als die bedingte Wahrscheinlichkeitsdichte, dass sich die Absorptionsfrequenz eines optischen Übergangs zur Zeit t bei der Frequenz ν befindet, wenn sie zur Zeit t_0 bei der Frequenz ν_0 war. Wenn man hiervon ausgehend ν_0 zur Zeit t_0 als M_0 annimmt, ist die Verteilung der ersten Kumulante K_1 eines optischen Übergangs identisch mit dem spektralen Diffusionskern eben dieses Übergangs. Dabei kann M_0 wiederum durch den Schwerpunkt der Verteilung der ersten Kumulante angenähert werden. Anschaulich ist der spektrale Diffusionskern damit ein Maß für die Aufenthaltswahrscheinlichkeit eines optischen Übergangs an einer spektralen Position, normiert in der Weise, dass der Schwerpunkt dieser Aufenthaltswahrscheinlichkeit im Ursprung der Verteilung liegt. Im Unterschied zu einem Summenspektrum, welches man auch als Maß für die Aufenthaltswahrscheinlichkeit eines optischen Übergangs betrachten kann, sind hierbei sowohl die Einflüsse der im Einzelmolekülexperiment oft stark variierenden Linienbreiten als auch die Intensitätsschwankungen der Fluoreszenz eliminiert. Nach dieser Definition sind die im vorhergehenden Abschnitt ermittelten Histogramme der ersten Kumulante identisch mit dem spektralen Diffusionskern des optischen Übergangs. Somit konnte in der vorliegenden Arbeit erstmalig der spektrale Diffusionskern einzelner Proteine dargestellt werden. Da der spektrale Diffusionskern bei der Beschreibung der Konformationsdynamik von Proteinen als wichtiges Maß verwendet wird [17], stellt seine Darstellung für einzelne Proteine einen substantiellen Fortschritt dar [52].

Der spektrale Diffusionskern spiegelt direkt die beiden im Tieftemperaturmodell für die untersuchten Proteine ermittelten TLS-Klassen wider, und seine Linienform kann durch das im vorherigen Abschnitt hergeleitete Tieftemperaturmodell erklärt werden. Es stellt sich nun die Frage, ob man aus den experimentellen Daten Parameter der beiden TLS-Klassen abschätzen kann, inbesondere den Mindestabstand R_C der ersten TLS-Klasse zum Farbstoff.

Zur Berechnung dieses Mindestabstandes kann auf Ergebnisse von druckabhängigen Einzelmolekülmessungen zurückggegriffen werden [53]. Der dabei zugrundeliegende Gedanke ist, dass die druckinduzierten Änderungen von wechselseitigen Orientierungen und Abständen der Farbstoffe und der TLS mit den durch Konformationsänderungen verursachten Änderungen vergleichbar sind.

In [54] wurde gezeigt, dass die druckinduzierte spektrale Verschiebung eines B800-Farbstoffes in einem LH2-Komplex $0,1\,\mathrm{cm}^{-1}/\mathrm{MPa}$ beträgt. In den durchgeführten Experimenten sind die von der ersten Klasse verursachten spektralen Verschiebungen zwischen zwei aufeinanderfolgenden Spektren in der Grössenordnung von $1-3\,\mathrm{cm}^{-1}$, was mit einem Druck von $20-30\,\mathrm{MPa}$ vergleichbar ist. Die Kompressibilität eines Proteins ist in der Größenordnung von $0,1\,\mathrm{GPa}^{-1}$ [55], was zu einer relativen Abstandsänderung $\frac{\Delta R}{R}$ von einigen 10^{-3} führt. Änderungen des

Dipolmoments eines TLS von $\Delta\mu_{TLS} = \Delta R \cdot \Delta q$, mit q als Ladung, ergeben nach nach Gl. 5.7 für eine elektronische Dipol-Dipol-Wechselwirkung zwischen Chromophor und TLS im Abstand R eine spektrale Verschiebung des Farbstoffübergangs (*Sudden jump-Modell* [49]) von

$$\delta\nu = \frac{\mu_F \cdot \Delta\mu_{TLS}}{4\pi\epsilon_0 h R^3} = \frac{\mu_F}{4\pi\epsilon_0 h}\frac{\Delta R}{R}\frac{\Delta q}{R^2} \cong \frac{\mu_F}{4\pi\epsilon_0 h}10^{-3}\frac{e}{R^2} \tag{6.1}$$

Dabei entspricht μ dem Dipolmoment des Farbstoffes (für BChl a ist $\mu = 2 \cdot 10^{-29}\,\mathrm{Cm}$ [56], das entspricht 6 Debye). Zur quantitativen Abschätzung von R wird angenommen, dass q in der Größenordnung einer Elementarladung ist:

$$\Delta\mu_{TLS} = \frac{\Delta R}{R} \cdot R \cdot e \tag{6.2}$$

Der Abstand der TLS vom Farbstoff kann daher abgeschätzt werden mit

$$R = \sqrt[3]{\frac{\mu_F \cdot \Delta\mu_{TLS}}{4\pi\epsilon_0 h \delta\nu}} = \sqrt{\frac{\mu_F}{4\pi\epsilon_0 h}10^{-3}\frac{e}{\delta\nu}} \tag{6.3}$$

und beträgt für TLS der Klasse 1 ($\delta\nu \approx 1 - 3\,cm^{-1}$) $\approx 1\,\mathrm{nm}$. Dieselbe Überlegung führt bei den größeren spektralen Verschiebungen von $\delta\nu \approx 7 - 10\,\mathrm{cm}^{-1}$ für TLS der Klasse 2 zu einem Farbstoff-TLS-Abstand von $\approx 0,4\,\mathrm{nm}$.

Damit ist es in diesem Abschnitt gelungen, aus den optischen Experimenten eine Abschätzung der für die beiden beim *Farbstoff im Hohlraum*-Modell angenommenen TLS-Farbstoff-Abstände zu gewinnen. Aus durch Spektroskopie gewonnenen Informationen konnten also strukturelle Parameter der TLS-Verteilungen abgeschätzt werden. Daraus ergibt sich natürlich die Frage, ob die ermittelten TLS-Farbstoff-Abstände auch charakteristische strukturelle Eigenschaften der Lichtsammelkomplexe widerspiegeln.

6.2 Strukturelle Ursachen der TLS-Verteilungen

Der wesentliche Grund für das Versagen des TLS-Standardmodells bei der Beschreibung der spektralen Dynamik von in Proteine eingebetteten Farbstoffen ist, wie beschrieben, die strukturelle Hierarchie eines Proteins. Nachdem sich aber aus dem in dieser Arbeit vorgeschlagenen Tieftemperaturmodell (Mindest-)Abstände der beiden TLS-Klassen vom Farbstoff abschätzen lassen, wird auch ein Vergleich von diesen Abständen mit der strukturellen Hierarchie der LH2-Komplexe ermöglicht.

Für LH2-Komplexe der Spezies *Rb. sphaeroides* konnte bisher noch keine hochaufgelöste Kristallstruktur ermittelt werden. Daher wird zum Vergleich der ermittelten TLS-Farbstoff-Abstände mit der Kristallstruktur auf die ähnliche und bekannte, hochaufgelöste Struktur von *Rhodopseudomonas (Rps.) acidophila*, zurückgegriffen. Dieses Vorgehen wird gerechtfertigt durch die Tatsache, dass die Kristallstruktur von *Rps. acidophila* auch üblicherweise zur Bildung von Homologiemodellen von Lichtsammelkomplexen der Spezies *Rb. sphaeroides* herangezogen wird.

In der Kristallstruktur der LH2-Komplexe in Abb. 6.1 sind die BChl *a*-Moleküle der B800-Bande rot dargestellt. Das Proteingerüst ist im Bildteil A detailliert dargestellt und in der schematischen Darstellung in Bildteil B durch schwarze Kreise angedeutet. Die Bindungstasche eines einzelnen BChl *a*-Moleküls ist zur Verdeutlichung in die schematische Darstellung Abb. 6.1 B blau eingezeichnet. Vergleicht man die im vorherigen Kapitel berechneten Abstände mit der geometrischen Anordnung der B800 BChl *a*-Moleküle in der Bindungstasche eines LH2-Komplexes, lassen sich daraus im wesentlichen folgende zwei Schlussfolgerungen ableiten:

Zum einen befinden sich TLS mit einem Abstand von ungefähr 1 nm vom Farbstoff wahrscheinlich außerhalb der Protein-Matrix des Lichtsammelkomplexes, so dass hier der Vorschlag gemacht wird, dass die Modulation der Übergangsfrequenz um nur wenige Wellenzahlen die Dynamik des Lösungsmittels oder der Protein/Lösungsmittel-Grenze widerspiegelt. Zum anderen befinden sich die TLS im Abstand von ungefähr $0,4\,\mathrm{nm}$ vom Chromophor höchstwahrscheinlich innerhalb des Proteins und werden durch Änderungen der Konformation des Proteins verursacht.

Da die größeren spektralen Sprünge von $7 - 10\,\mathrm{cm}^{-1}$ nur in ungefähr 50% der

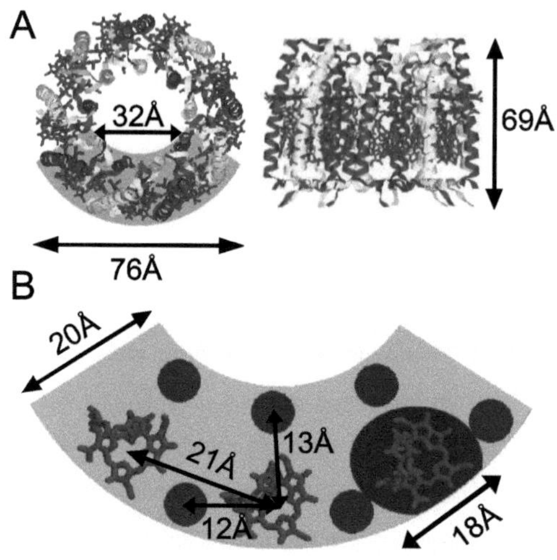

Abbildung 6.1: (A) Links: Aufsicht eines LH2-Komplexes. Die BChl *a*-Moleküle sind rot dargestellt, die violetten und weißen Helizes zeigen das Proteingerüst. Der markierte Bereich ist in (B) detaillierter dargestellt. Rechts: Seitansicht desselben LH2-Komplexes. Weil eine hochaufgelöste Kristallstruktur der LH2-Komplexe von *Rb. sphaeroides* noch nicht ermittelt werden konnte, sind hier Kristallstrukturen von LH2 der Spezies *Rps. acidophila* dargestellt. (B) Die schematische Darstellung des markierten Bereichs des Komplexes von (A) zeigt drei der neun Untereinheiten. Die B800 BChl *a*-Moleküle sind rot dargestellt, die Protein-Helizes sind durch Punkte angedeutet. Die dunkelblaue Fläche verdeutlicht die Bindungstasche eines einzelnen B800 BChl *a*-Moleküls.

untersuchten Übergänge auftreten, kann daraus geschlossen werden, dass diese Art von TLS relativ selten ist und nur mit einer Häufigkeit von maximal 1-2 pro Protein auftritt. Dieses in dieser Arbeit beobachtete TLS/Protein-Verhältnis steht in Einklang mit früheren Untersuchungen der Friedrich-Gruppe [40].

Die Beobachtung von zwei Klassen von TLS, eine höchstwahrscheinlich innerhalb der Protein-Matrix und die andere im umgebenden Lösungsmittel oder an der Protein-Lösungsmittel-Grenze, könnte die in der Literatur *slaving* genannte

Dynamik widerspiegeln [57, 58]. Diese sagt aus, dass die für die Dynamik des Proteins verantwortlichen Prozesse auch in zwei Kategorien fallen: Diejenigen, welche unabhängig von Lösungsmittel-Bewegungen sind (*non-slaved*) und mit Raten auftreten, die durch die Dynamik der Schwingungen und Konformationsänderungen des Proteins gegeben sind. Prozesse der anderen Kategorie sind dagegen an die Dynamik des Lösungsmittels gekoppelt (*slaved*). Durch die vorliegende Untersuchung wäre dieses Verhalten zum ersten Mal bei einzelnen Proteinen gezeigt worden.

6.3 Zeitabhängigkeit der spektralen Diffusion

Die Konformationsdynamik eines Proteins und die damit verbundene spektrale Diffusion eines eingebetteten Farbstoffes können bei tiefen Temperaturen auch als die Diffusion eines fiktiven Teilchens in einer rauhen Potentiallandschaft interpretiert werden [7]. Die lokalen Minima dieser Potentiallandschaft werden dabei Konformationszuständen des Proteins zugeordnet. Durch die Erniedrigung der Temperatur werden immer weniger Konformationszustände energetisch zugänglich und von einem Zustand sind nur noch Übergänge zu wenigen, benachbarten Zuständen möglich. Wegen der geringen Zahl der zugänglichen Konformationszustände wird angenommen, dass diese Diffusion quasi-eindimenional auf einem zufälligen Pfad stattfindet. Ein solcher Prozess muss durch eine Gleichung des Fokker-Planck-Typs beschrieben werden, deren Lösung die bedingte Wahrscheinlichkeitsverteilung ist, dass sich die Absorptionsfrequenz eines optischen Übergangs zur Zeit t bei der Frequenz ν befindet, wenn sie zur Zeit t_0 bei der Frequenz ν_0 war. Damit ist diese Lösung identisch mit dem im vorherigen Abschnitt diskutierten spektralen Diffusionskern. Für dieses Diffusionsmodell wird, ebenso wie für das *Farbstoff im Hohlraum*-Modell, ein gaußförmiger spektraler Diffusionskern vorhergesagt [59].

Aus der Literatur ist bekannt, dass nicht nur der spektrale Diffusionskern selbst, sondern auch die Zeitabhängigkeit der spektralen Diffusion von der Matrix abhängt, in die ein Farbstoff eingebettet ist [17]. Aus der vorgestellten Kumulantenanlyse konnten jedoch keine Informationen über die zeitliche Entwicklung der spek-

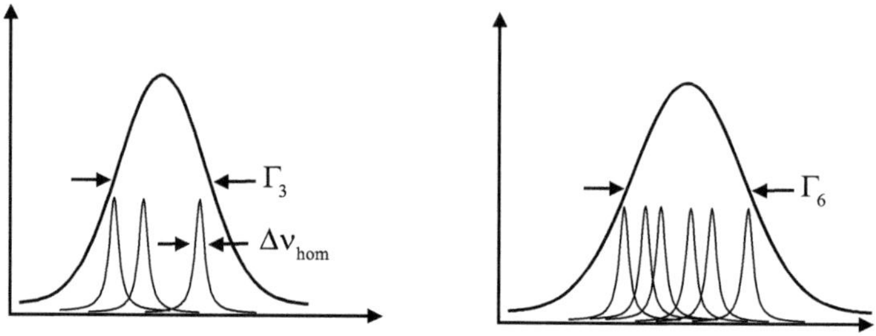

Abbildung 6.2: Schematische Darstellung der Berechnung der Linienbreite für die zeitliche Entwicklung des spektralen Diffusionskerns. Für zwei verschiedene Zeitpunkte (k=3 und k=6, also für das dritte und das sechste Spektrum) werden die Intensitäten aller jeweils schon aufgenommenen Spektren addiert und durch eine Gaußfunktion angepasst. Man erhält dadurch die beiden zugehörigen Breiten Γ_3 und Γ_6, im skizzierten Fall mit $\Gamma_3 < \Gamma_6$.

tralen Diffusion gewonnen werden. Eine solche Zeitabhängigkeit wurde allerdings durch Lochbrenn-Experimente der Friedrich-Gruppe bestimmt [42], in welchen die zeitliche Entwicklung der spektralen Breite $\omega(t)$ der eingeprägten optischen Löcher gemessen wurde. Für Gläser wurde dabei eine logarithmische Zeitabhängigkeit festgestellt ($\omega(t) \sim \ln t$), während für Proteine ein Potenzgesetz gefunden wurde ($\omega(t) \sim e^{\alpha t}$).

In den im Rahmen dieser Arbeit gemessenen langen Trajektorien einzelner Übergänge lässt sich jedes der N Spektren γ_n auch durch die Zeitinformation kennzeichnen, die vom Beginn der Messung bis zur Messung des n-ten Spektrums vergangen ist. Der Index n der Spektren ist somit identisch mit einer Zeitinformation. Als Maß für die Zeitabhängigkeit der spektralen Diffusion kann dann der spektrale Bereich herangezogen werden, der vom Beginn der Messung bis zu Messung des n-ten Spektrums vom optischen Übergang durchlaufen wurde. Diesen erhält man dadurch, dass man aus den Einzelspektren γ_n Summenspektren

$$\Gamma_k = \sum_{n=1}^{k} \gamma_n \tag{6.4}$$

errechnet, welche die gesamte spektrale Information des Übergangs vom Beginn der Messung (n = 1) bis zum Messzeitpunkt des Spektrums (n = k) enthalten. Eine solche Berechnung ist in Abb. 6.2 schematisch dargestellt. Für zwei verschiedene Zeitpunkte (k=3 und k=6, also für das dritte und das sechste Spektrum) werden die Intensitäten aller bisherigen Spektren addiert und damit der durchlaufene spektrale Bereich ermittelt. Die Breite des durchlaufenen spektralen Bereichs lässt sich für jedes Summenspektrum Γ_k durch die Anpassung einer Gaußkurve bestimmen. Man erhält durch diese Analyse also aus einer Trajektorie mit N Spektren auch ebensoviele Anpassungen von Gaußkurven an die Summenspektren Γ_k. In Abb. 6.3 ist das Zeitverhalten dieser Gaußanpassungen für eine einzelne Trajektorie dargestellt.

Abb. 6.3 zeigt deutlich die Anwendbarkeit des hier vorgestellte Verfahrens zur Bestimmung der Zeitabhängigkeit der spektralen Diffusion aus langen Trajektorien einzelner optischer Übergänge. Die Breite der Summenspektren nimmt zu Beginn der Messung schnell zu, dieses Verhalten schwächt sich allerdings mit fortlaufender Messzeit ab. Es lässt sich aus der Abbildung nicht direkt ablesen, ob die Breite der Summenspektren gegen einen stationären Wert strebt oder sich die Geschwindigkeit ihrer Zunahme nur immer weiter verringert.

Um diese Zeitabhängigkeit mit dem aus Lochbrenn-Experimenten bekannten Verhalten zu vergleichen, sind eine Logarithmusfunktion und eine Potenzfunktion an die Darstellung der Breite der Summenspektren in Abb. 6.3 angepasst worden. Daraus lassen sich für die Anpassung der Potenzfunktion $\omega(t) = a\, e^{bt}$ die Paramter a $= 0,56$ und b $= 0,28\,\mathrm{s}^{-1}$ ablesen. Die Anpassung einer Logarithmusfunktion $\omega(t) = c \ln(dt)$ ergibt die Parameter c $= 1,39$ und d $= 0,009\,\mathrm{s}^{-1}$.

Die Anpassung der Potenzfunktion zeigt eine gute Übereinstimmung mit den experimentellen Daten und der ermittelte Exponent von 0,28 ist auch in guter Übereinstimmung mit dem theoretisch vorhergesagten Wert von 0,25. Damit ist

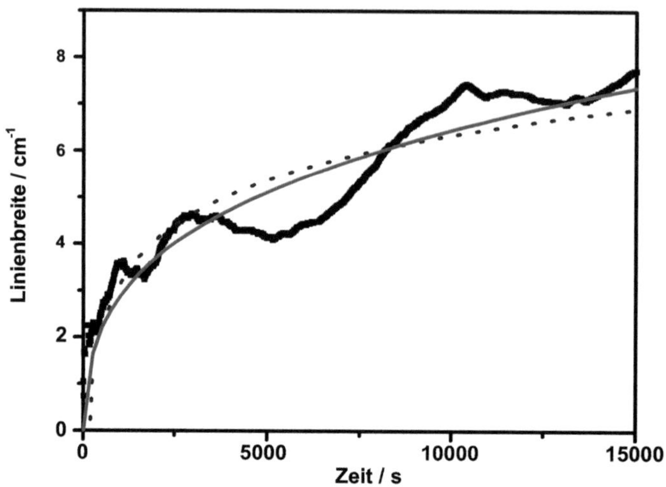

Abbildung 6.3: Entwicklung der Linienbreite der aufsummierten Einzelspektren. Die Linienbreiten sind durch schwarze Punkte dargestellt. Die horizontale Achse stellt die Messzeit dar, die vertikale Achse die durch Anpassung einer Gaußkurve an die Summe der Spektren ermittelte Linienbreite. Die durchgezogene rote Kurve stellt die Anpassung einer Potenzfunktion $\omega(t) = a\, e^{bt}$ dar, die gestrichelte blaue Linie eine Logarithmusfunktion $\omega(t) = c \ln(d\, t)$. Aus den Anpassungen wurden die Parameter a $= 0,56$, b $= 0,28\,\mathrm{s}^{-1}$ und c $= 1,39$, d $= 0,009\,\mathrm{s}^{-1}$ erhalten.

gezeigt, dass sich mit der beschriebenen Vorgehensweise die zeitliche Entwicklung der spektralen Diffusion aus den experimentellen Daten ermitteln lässt. Allerdings weicht die zum Vergleich durchgeführte Anpassung einer Logarithmusfunktion nicht in der Weise signifikant von den experimentellen Daten ab, dass eine eindeutige Aussage darüber zu treffen ist, ob das zeitliche Verhalten der Linienbreitenentwicklung durch eine Potenz- oder eine Logarithmusfunktion angepasst werden muss. Um diese Aussage treffen zu können, wäre eine deutlich längere Messzeit notwendig. Die hier dargestellte Analyse erstreckt sich über drei Gößenordnungen der Messzeit (Einzelspektrum dauert 10 s, Gesamtmeßzeit 15000 s), die in der Literatur vorgestellten Messungen decken $5-6$ Größenordnungen ab [7]. Ein Verlängerung der Messzeit um zwei weitere Grössenordnungen ist allerdings mit der repetitiven Aufnahme von Fluoreszenzanregungsspektren kaum möglich, da mit einer Kryostatfüllung Helium etwa 1000-2000 Spektren möglich sind. Ein einzelnes Molekül über sehr viele Kryostatfüllungen hinweg (100-1000) zu untersuchen ist, trotz der beschriebenen Stabilität der Proben, apparativ kaum umsetzbar.

Kapitel 7

Spektrale Diffusion und Linienformen in verschiedenen Proteinen

Die Energien der elektronischen Niveaus eines Farbstoffes, der in eine Matrix eingebettet ist, werden durch elektrostatische Wechselwirkungen mit seiner lokalen Umgebung verstimmt. Für einen ungeladenen Farbstoff stammen die Hauptbeiträge dieser Wechselwirkungen aus Dipol-Dipol, Dipol-induzierter Dipol und dispersiven Kräften. Die Abstandsabhängigkeit dieser Beiträge ist im allgemeinen proportional zu R^{-n}, mit n im Bereich von 6-12 [53].

In einer dynamischen Umgebung, wie einem Protein, werden diese Kräfte moduliert durch strukturelle Fluktuationen von Atomgruppen oder Molekülen aus der lokalen Umgebung des Farbstoffes, durch die sich elektrische Felder in der unmittelbaren Umgebung eines Farbstoffes ändern. Der Farbstoff reagiert auf diese Felder durch eine Änderung der Übergangsfrequenzen und Lebensdauern des optischen Übergangs, was als *spektrale Diffusion* gemessen werden kann [60]. Üblicherweise werden Experimente zur spektralen Diffusion bei kryogenen Temperaturen durchgeführt. Die Vorteile tiefer Temperaturen sind zum einen ein vernachlässigbares Photobleichen, was lange Beobachtungszeiten und dadurch eine Verbesserung des

Singal-Rausch-Verhältnisses der Spektren erlaubt. Zum anderen wird die Linienbreite eines optischen Übergangs durch die Unterdrückung von Kernbewegungen so stark vermindert, dass selbst kleine spektrale Änderungen aufgelöst werden können, welche bei einem einzelnen Molekül bei Raumtemperatur hoffnungslos verbreitert wären. Und schließlich werden die Raten von Konformationsänderungen auf Zeitskalen verschoben, welche einen experimentellen Zugang zu diesen strukturellen Fluktuationen ermöglichen.

Die Grundidee der hier vorgestellten Untersuchung ist, dass Konformationsänderungen des Proteins durch optische Anregung eines eingebetteten Farbstoffes und anschließender Relaxation des angeregten Zustandes induziert werden können [61]. Die Photonenenergie von etwa $12.500\,\mathrm{cm}^{-1}$ der B800-Anregungen, welche auf diesem Weg dissipiert wird, übersteigt bei weitem die thermische Energie bei $1,4\,\mathrm{K}$, bei der die Experimente durchgeführt wurden. Wegen der geringen Fluoreszenzquantenausbeute der LH2-Komplexe von nur etwa 10% [62] wird im zeitlichen Mittel ein Großteil der absorbierten Energie durch strahlungslose Übergänge dissipiert und führt dadurch zu Kernbewegungen in der Umgebung des Farbstoffes. Bei der Relaxation zurück zum thermischen Gleichgewicht endet das System anschließend mit endlicher Wahrscheinlichkeit in einem anderen Konformationszustand, was sich durch eine Änderung der Übergangsenergie des Farbstoffes ausdrückt. Daher ist der durch induzierte Konformationszustände untersuchbare Raum von Konformationszuständen nicht auf den Teil der Energielandschaft beschränkt, der im thermischen Gleichgewicht zugänglich ist, wodurch diese Vorgehensweise eine ideale Möglichkeit bietet, die Organisation der Energielandschaft eines Proteins zu untersuchen.

Die spektralen Eigenschaften eines eingebetteten Farbstoffes hängen aber, neben den Wechselwirkungen mit den Molekülen in seiner Umgebung, auch von der elektronischen Konfiguration des Farbstoffes und der Änderung der elektronischen Konfiguration bei einer optischen Anregung ab. Dies führt zu Variationen der Gleichgewichtspositionen der Atomkerne des Farbstoffes, wodurch die elektronischen Anregungen an Bewegungen der Kerne koppeln. Diese Kopplung stellt man im Rahmen der Born-Oppenheimer-Näherung so dar, dass die Potentialkurve des elektronisch angeregten Zustandes des Farbstoffes im Vergleich zur Potentialkurve des Grundzustandes entlang der Kernkoordinaten verschoben ist und eine andere Krümmung besitzt. Dieser gegenseitige Abstand der Potentiale spiegelt die lineare Elektron-Phonon-Kopplung wieder, welche in den Spektren als Phononenseitenbande beobachtet werden kann. Die Unterschiedlichen Krümmungen der Potentiale führen zur quadratischen Elektron-Phonon-Kopplung und haben eine Temperaturabhängkeit der Intensität der ZPL als Konsequenz [11]. Die lineare Elektron-Phonon-Kopplung ist umso stärker, je größer die Variationen der intermolekularen Wechselwirkungen bei elektronischer Anregung sind. Diese Variationen stammen sowohl von Beiträgen, welche mit Änderungen des intrinsischen Dipolmoments des Farbstoffes zusammenhängen (Änderungen der elektrostatischen Wechselwirkungen), als auch von solchen, die mit Änderungen der Polarisierbarkeit zusammenhängen (Änderungen der dispersiven Wechselwirkungen) [11, 63].

Beide Phänomene, spektrale Diffusion und lineare Elektron-Phonon-Kopplung, reagieren empfindlich auf Variationen der intermolekularen Wechselwirkungen in der Umgebung des Farbstoffes, obwohl sie durch unterschiedliche physikalische Ursachen hervorgerufen werden. Dies lässt sich durch das in Abb. 7.1 dargestellte Potentialschema verdeutlichen. Bei der spektralen Diffusion reagiert der Farbstoff auf Veränderungen in seiner Umgebung durch Änderungen des energetischen Abstandes von Grund- und angeregtem Zustand. In Abb. 7.1 entspricht das Variationen des vertikalen Abstandes der beiden Potentialkurven. Im Gegensatz dazu wird die lineare Elektron-Phonon-Kopplung durch Variationen der räumlichen Konfiguration des Farbstoffes erzeugt, im Potentialschema dargestellt durch die Kernkoordinate, die auf der horizontalen Achse eingezeichnet ist. Die quadratische Elektron-Phonon-Kopplung wird durch unterschiedliche Krümmungen der Potentialkurven hervorgerufen.

In den hier diskutierten Experimenten spiegelt die beobachtete Tieftemperaturlinienbreite der B800-Absorptionen die Überlagerung der homogenen Linienverbreiterung durch den schnellen Transfer der Anregungsenergie an den B850-Ring

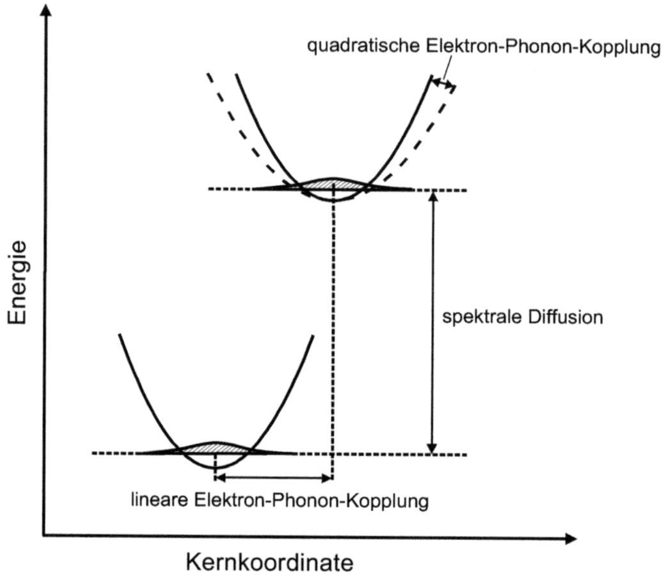

Abbildung 7.1: Potentialschema zur schematischen Darstellung von spektraler Diffusion, linearer und quadratischer Elektron-Phonon-Kopplung. Bei der spektralen Diffusion reagiert der Farbstoff auf Veränderungen in seiner Umgebung durch Änderungen des energetischen Abstandes von Grund- und angeregtem Zustand, hier dargestellt durch den vertikalen Abstand der beiden Potentialkurven. Im Gegensatz dazu wird die lineare Elektron-Phonon-Kopplung durch Variationen der räumlichen Konfiguration des Farbstoffes erzeugt, hier dargestellt durch die Kernkoordinate, die auf der horizontalen Achse eingezeichnet ist. Die quadratische Elektron-Phonon-Kopplung wird durch unterschiedliche Krümmungen der Potentialkurven hervorgerufen.

[64, 65] und der inhomogenen Linienverbreiterung durch spektrale Diffusion wider. Beiträge zur homogenen Linienbreite aufgrund quadratischer Elektron-Phonon-Kopplung können hier nicht aufgelöst werden und werden daher nicht diskutiert.

7.1 Spektrale Diffusion in LH2 aus verschiedenen Spezies

In Abb. 7.2A ist eine Sequenz von 800 Fluoreszenz-Anregungsspektren einer einzelnen Absorptionslinie der B800-Bande eines einzelnen LH2-Komplexes von *Rb. sphaeroides* gezeigt. Die horizontale Achse entspricht der Photonenenergie des anregenden Lasers, die vertikale entspricht der Zeit und die Fluoreszenzintensität ist durch die Farbskalierung gegeben. Abb. 7.2B zeigt das Summenspektrum, welches erhalten wird, wenn man alle 800 Einzelspektren mittelt. Dieses sequentielle Aufnahmeverfahren erlaubt es, die relativen Änderungen der spektralen Positionen als Funktion der Zeit zu erhalten. Diese statistische Untersuchung der spektralen Änderungen innerhalb der B800 Banden von LH2 wurde für *Rb. sphaeroides* (15 Absorptionslinien), *Rsp. molischianum* (11 Absorptionslinien), und *Rps. acidophila* (17 Absorptionslinien) durchgeführt, die alle in einer Polyvinylalkohol-Matrix (poly vinyl alcohol, PVA) immobilisiert waren. Neben den in der PVA-Matrix immobilisierten wurden auch noch LH2-Komplexe von *Rps. acidophila* (5 Absorptionslinien) untersucht, die in einer DOPC Bilipidschicht rekonstituiert waren. Durch den Vergleich der Ergebnisse der in PVA immobilisierten Komplexe mit den in der DOPC Bilipidschicht immobilisierten kann ein etwaiger Einfluss der verwendeten Matrix auf die spektrale Dynamik der optischen Anregungen untersucht werden.

Um die spektralen Positionen dieser Absorptionen in den einzelnen Spektren mit hoher Genauigkeit zu bestimmen, wurde für jedes Spektrum an die zu untersuchende Absorption eine Lorentzlinie angepasst. Aus den Parametern dieser Anpassungen wurde die Verteilung der relativen spektralen Änderungen als Diffe-

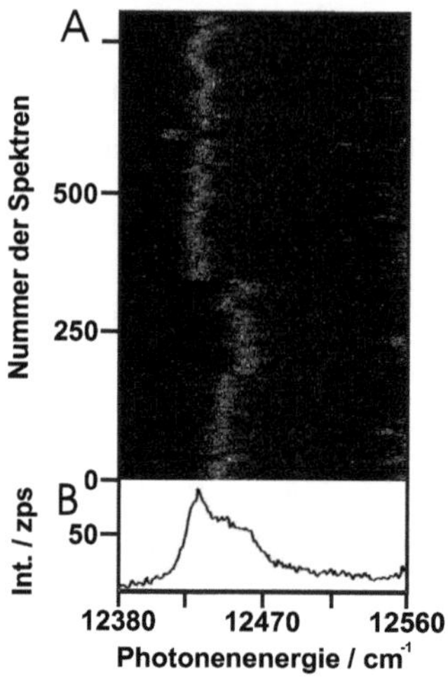

Abbildung 7.2: A) Zweidimensionale Darstellung von 800 aufeinanderfolgend aufgenommenem Fluoreszenzanregungsspektren aus dem B800-Band eines einzelnen LH2-Komplexes von *Rb. sphaeroides* bei 1,4 K. Die horizontale Achse entspricht der Photonenenergie des anregenden Lasers, die vertikale Achse entspricht der Nummer der aufgenommenen Spektren, was äquivalent zu einer Zeitinformation ist. Die Fluoreszenzintensität ist durch die Farbskala dargestellt. Die Spektren wurden bei einer Anregungsintensität von $10\,W/cm^2$ aufgenommen. B) Mittelung über alle Fluoreszenzanregungsspektren der Messung. Die Intensität ist in Zählereignissen pro Sekunde (zps) angegeben.

renz der spektralen Positionen einer Anregung in aufeinanderfolgenden Spektren gewonnen. Beispiele dieser Verteilungen sind in Abb. 7.3 gezeigt. Von oben nach unten sind dort die relativen Positionsänderungen von *Rb. sphaeroides*, *Rsp. molischianum*, *Rps. acidophila* (alle in PVA immobilisiert) and *Rps. acidophila* (in DOPC rekonstituiert) gezeigt. Zur besseren Vergleichbarkeit wurden die Skalen dieser Verteilungen auf die Gesamtzahl der aufgenommenen Spektren normiert und sind daher in relativen Einheiten gezeigt. Dies bedeutet, dass z.B. bei *Rb. sphaeroides* 37% der beobachteten spektralen Änderungen zwischen $0 - 1\,\mathrm{cm}^{-1}$

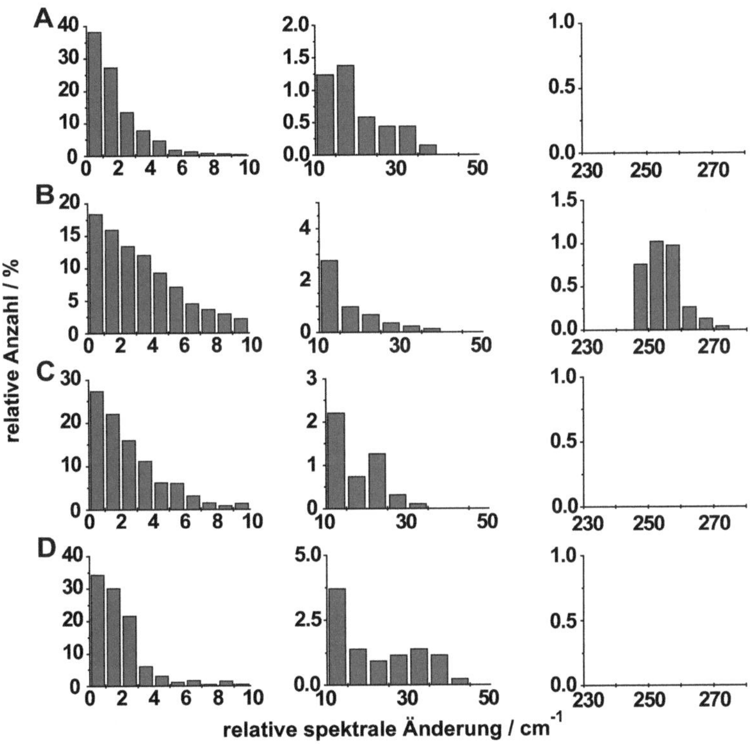

Abbildung 7.3: Verteilungen der relativen spektralen Änderungen der Linienpositionen zwischen zwei aufeinanderfolgenden Spektren von A) *Rb. sphaeroides* (in PVA), B) *Rsp. molischianum* (in PVA), C) *Rps. acidophila* (in PVA), und D) *Rps. acidophila* (rekonstituiert in DOPC). Die Skalen der Histogramme wurden auf die Gesamtzahl der aufgenommenen Spektren normiert, die Histogramme sind in relativen Einheiten angegeben.

aufgetreten sind, 25% der spektralen Änderungen zwischen $1 - 2\,\mathrm{cm}^{-1}$ aufgetreten sind, etwa 1.25% der spektralen Änderungen zwischen $10 - 15\,\mathrm{cm}^{-1}$ usw. Signifikante Unterschiede der Histogramme bei PVA-immobilisierten und rekonstituierten Proben von *Rps. acidophila* sind nicht beobachtet worden, was die Möglichkeit von durch die PVA-Matrix induzierten Artefakten ausschließt.

7.2 Hierarchische Einteilung der spektralen Diffusion

Im Folgenden werden die beobachteten spektralen Fluktuationen in drei Kategorien, abhängig von der Größenordnung der spektralen Änderungen zweier aufeinanderfolgender Spektren, eingeteilt. Die erste Kategorie entspricht relativen Änderungen der Absorptionsfrequenz von weniger als $10\,\mathrm{cm}^{-1}$ und umfasst mehr als 90% der aufgetretenen spektralen Änderungen (Abb. 7.3, erste Spalte). Die Charakterisierung dieser Histogramme durch ihre Halbwertsbreite liefert $2,1\,\mathrm{cm}^{-1}$, $6,1\,\mathrm{cm}^{-1}$, $4,2\,\mathrm{cm}^{-1}$ und $3,5\,\mathrm{cm}^{-1}$ für *Rb. sphaeroides*, *Rsp. molischianum*, *Rps. acidophila*, alle in PVA immobilisiert, und *Rps. acidophila* in DOPC immobilisiert. Aus der ersten Spalte von Abb. 7.3 ist bereits ersichtlich, dass die Verteilung dieser ersten Kategorie von spektralen Änderungen bei *Rsp. molischianum* breiter ist als die der anderen Spezies. Um dieses erste Resultat zu untermauern, wurden die Breiten dieser Histogramme für alle untersuchten Farbstoffe gewonnen. Dies hat gezeigt, dass die Breiten dabei für LH2 from *Rb. sphaeroides* und *Rps. acidophila* (beide Matrizen) zwischen $1,7\,\mathrm{cm}^{-1}$ und $4,5\,\mathrm{cm}^{-1}$ variieren, während sie für *Rsp. molischianum* zwischen $5,0\,\mathrm{cm}^{-1}$ und $8,5\,\mathrm{cm}^{-1}$ liegen.

Die zweite Kategorie spektraler Diffusionsereignisse umfasst Änderungen der spektralen Positionen, die in der Größenordnung einiger zehn Wellenzahlen liegen (Abb. 7.3, zweite Spalte). Etwa 5% - 10% aller Prozesse fallen in diese Gruppe und es wurden dabei keine signifikanten Unterschiede zwischen den vier Probentypen festgestellt. Im Durchschnitt beträgt die spektrale Änderung zwischen zwei aufeinanderfolgenden Spektren 20 − 30 cm^{-1}.

Die dritte und letzte Kategorie von Prozessen der spektralen Diffusion beschreibt Änderungen von etwa 250 cm^{-1}. Solche spektralen Fluktuationen wurden ausschließlich bei LH2 von *Rsp. molischianum* beobachtet und treten auch nur bei einem kleinen Anteil der untersuchten Spektren überhaupt auf. Diese Kategorie von spektralen Prozessen stimmt überein mit schon in früheren Untersuchungen gefundenen, ähnlich niederfrequenten, großen spektralen Sprüngen [27]. Es ist eine der Stärken der Einzelmolekülspektroskopie, solche seltenen Ereignisse, welche Schlüsselprozesse für das Verständnis der zugrundeliegenden strukturellen Fluktuationen sein können, aufzufinden und einer Untersuchung zugänglich zu machen. Man kann zwar aus den vorliegenden Daten nicht beweisen, dass solche spektralen Fluktuationen niemals bei *Rps. acidophila* oder *Rb. sphaeroides* auftreten, jedoch zeigen die Ergebnisse, dass die Wahrscheinlichkeit für das Auftreten solcher großen spektralen Sprünge bei den beiden genannten Spezies deutlich geringer sein muss als bei *Rsp. molischianum.*

7.3 Elektron-Phonon-Kopplung in LH2 aus verschiedenen Spezies

Nachdem die statistische Untersuchung der spektralen Diffusion einen deutlichen Unterschied zwischen den Verteilungen der spektralen Änderungen von *Rsp. molischianum* und den anderen beiden Spezies gezeigt hat, stellt sich die Frage, ob sich ein solcher Unterschied auch in der Elektron-Phonon-Kopplung der BChl *a*-Moleküle des B800-Rings widerspiegelt. Wegen der spektralen Fluktuationen erlauben aber weder einzeln aufgenommene Spektren einer Serie noch zeitlich gemittelte Summenspektren einer Reihe von aufeinanderfolgend aufgenommenen Einzelspektren die quantitative Analyse des spektralen Profils des elektronischen Übergangs. Um diese Einschränkung zu überwinden, wurde als Mustererkennungsverfahren ein multivariater statistischer Algorithmus angewandt (multivariate statistical pattern recognition algorithm, MSA; IMAGIC, ImageScience) [66]. Solche Algorithmen werden üblicherweise zum Vergleich der Aminosäuresequenzen von Proteinen verschiedener Spezies verwendet, oder zur Rekonstruktion der dreidimensionalen Struktur großer biologischer Makromoleküle aus zweidimensionalen, durch Kryoelektronenmikroskopie gewonnenen, Projektionen. Es wurde aber auch schon gezeigt dass diese Technik angewandt werden kann, um Profile elektronischer Spektren einzelner Objekte, welche in ungeordnete Wirtssysteme eingebettet sind, zu gewinnen [67, 68].

7.3.1 Multivariate statistische Analyse von Einzelmolekülspektren

Bei der multivariaten statistischen Analyse einer Serie von Spektren wird jedes einzelne Spektrum als eindimensionales Bild interpretiert. Durch Mustererkennungsverfahren werden diese Spektren anhand ihrer statistischen Ähnlichkeit in eine vordefinierte Anzahl von Klassen eingruppiert (hier typischerweise 20-100). Dabei wird die Varianz zwischen den Klassen maximiert und die Varianz innerhalb einer Klasse minimiert (in einem mathematischen Sinn, entsprechend der Methode der kleinsten Fehlerquadrate). Durch diesen Vorgang erhält man Klassensummen (class-averaged spectra, CAS), welche die Mittelung über nur solche Spektren darstellen, die derselben Klasse zugeordnet wurden. Einfach gesagt stellt der Algorithmus sicher, dass nur solche Einzelspektren gemittelt werden, welche *hinreichend ähnlich* sind [69]. Typische Beispiele von klassengemittelten Spektren einzelner Absorptionen der B800-Bande von LH2 verschiedener Spezies sind in Abb. 7.4 gezeigt. Das wiederkehrende Motiv in den spektralen Profilen der CAS ist eine schmale Absorptionslinie, begleitet von einer breiten Schulter an ihrer hochenergetischen Seite. Die schmale Linie entspricht der Nullphononenlinie, die breite Schulter der im einleitenden Kapitel 2.1.1 ausführlich beschriebenen Phononenseitenbande des Übergangs.

Der Vorteil dieses Ansatzes ist es, dass Beiträge zur Linienverbreiterung aus

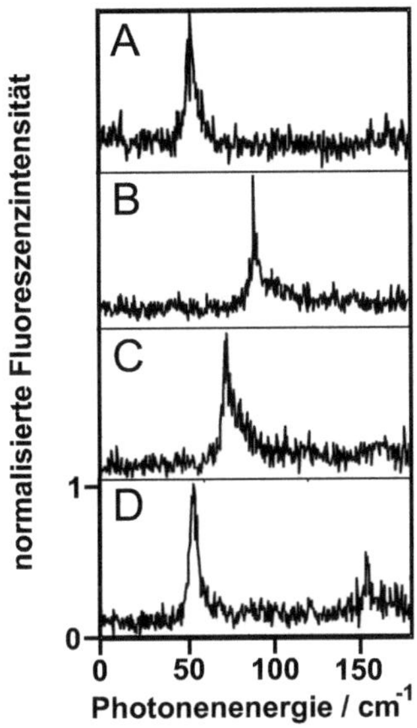

Abbildung 7.4: Beispiele von klassengemittelten Spektren (class-averaged spectra, CAS) einzelner Absorptionen der B800-Bande von A) *Rb. sphaeroides* (in PVA), B) *Rsp. molischianum* (in PVA), C) *Rps. acidophila* (in PVA), and D) *Rps. acidophila* (rekonstituiert in DOPC). Die Spektren wurden zur besseren Vergleichbarkeit normiert. Das wiederkehrende Motiv in den spektralen Profilen der CAS ist eine schmale Absorptionslinie, begleitet von einer breiten Schulter an ihrer hochenergetischen Seite. Die schmale Linie entspricht der Nullphononenlinie, die breite Schulter der Phononenseitenbande des Übergangs.

spektraler Diffusion, welche auf Zeitskalen ablaufen, die langsamer sind als die Zeit, welche benötigt wird über eine einzelne Anregung zu verstimmen, eliminiert werden. Dies erlaubt es, Spektren eines einzelnen Farbstoffes mit drastisch verringerter spektraler Linienbreite zu erhalten, ohne den sonst unumgänglichen Kompromiss zwischen spektraler und/oder zeitlicher Auflösung und Signal-Rausch Verhältnis eingehen zu müssen.

7.3.2 Debye-Waller Faktoren

Zur Untersuchung der Elektron-Phonon-Kopplung wurden aus jedem CAS einer einzelnen Anregung der im einleitenden Kapitel 2.1.1 erläuterte Debye-Waller Faktor α_{DW}

$$\alpha_{DW} = \frac{I_{ZPL}}{I_{ZPL} + I_{PSB}} \tag{7.1}$$

und die mittlere Phononenenergie ω_m bestimmt. Mit I_{ZPL} (I_{PSB}) ist die integrierte Intensität der ZPL (PSB) gegeben. Der Debye-Waller Faktor gibt damit den Beitrag der ZPL zur Oszillatorenstärke des elektronischen Übergangs an, die mittlere Phononenenergie ω_m ist der energetische Unterschied zwischen den Zentralpositionen der ZPL und PSB.

Um die PSB aus den klassengemittelten Spektren zu extrahieren, wurden zuerst die Parameter der ZPL ermittelt, indem eine Lorentzlinie an die niederenergetische Seite der ZPL angepasst wurde. Diese Linienform wurde dann vom experimentell ermittelten Spektrum der Absorption abgezogen, was als Ergebnis die PSB lieferte. Diese Vorgehensweise extrahiert aus einem CAS die Intensitäten I_{ZPL} und I_{PSB} und ermöglicht nach Gl. 7.1 die Bestimmung der Debye-Waller Faktoren. Aus den Parametern der angepassten Linienform an die ZPL und dem Maximum der PSB konnte zusätzlich der energetische Abstand der Scheitelpunkte von ZPL und PSB und damit die mittlere Phononenenergie ω_m von allen untersuchten Absorptionen erhalten werden.

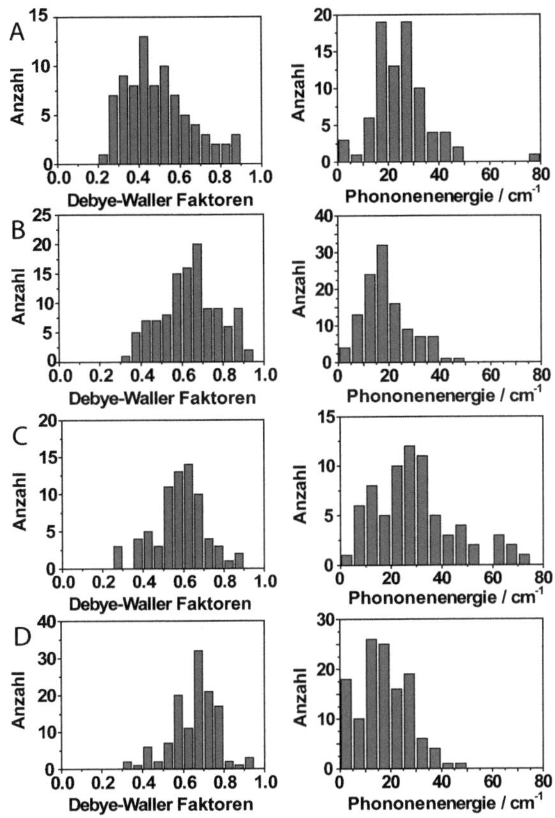

Abbildung 7.5: Histogramme der Debye-Waller Faktoren (links) und der mittleren Phononenenergie (rechts) von A) *Rb. sphaeroides* (in PVA), B) *Rsp. molischianum* (in PVA), C) *Rps. acidophila* (in PVA), und D) *Rps. acidophila* (rekonstituiert in DOPC). Bei allen drei Spezies liegt die lineare Elektron-Phonon-Kopplung im Bereich der schwachen Kopplung, d.h. es werden keine Debye-Waller-Faktoren $< 0,2$ beobachtet. Die Verteilungen der mittleren Phononenenergien weisen für alle vier Probenarten breite Verteilungen zwischen $20\,\mathrm{cm}^{-1}$ und $30\,\mathrm{cm}^{-1}$ auf.

Die Verteilungen dieser Parameter sind in Abb. 7.5 für vier Probenarten gezeigt. Für LH2 von *Rps. acidophila* liegt die Verteilung der Debye-Waller-Faktoren, unabhängig von der Matrix, welche zur Immobilisierung der Komplexe verwendet wurde, zwische 0,5 und 0,7 (FWHM) mit einem Maximum bei etwa 0,6. Eine ähnliche Verteilung wird für *Rsp. molischianum* erhalten. Im Gegegensatz dazu ist die Verteilung der Debye-Waller-Faktoren bei LH2 von *Rb. sphaeroides* zu kleineren Werten verschoben und deckt einen Bereich von 0,25 bis 0,6 ab, mit einem Maximum bei etwa 0,45. Die Verteilungen der mittleren Phononenenergien, in der rechten Spalte von Abb. 7.5 gezeigt, weisen für alle vier Probenarten breite Verteilungen zwischen $20\,\mathrm{cm}^{-1}$ und $30\,\mathrm{cm}^{-1}$ auf.

7.4 Vergleich der Einzelmolekülmessungen

Das Standardmodell zur Beschreibung der Tieftemperaturdynamik von Materialien wie (Bio-)Polymeren basiert auf der Annahme, dass strukturelle Änderungen nur in räumlich eingeschränkten Regionen vorkommen, die man durch Doppelmuldenpotentiale charakterisieren kann. Bei tiefen Temperaturen werden diese Potentiale meistens als Zweiniveausysteme (two-level systems, TLS), deren Energien und Tunnelmatrixelemente zufällig verteilt sind, angenähert [9]. Im vorangehenden Teil dieser Arbeit konnten zusätzlich Abstände zwischen Farbstoffen und TLS abgeschätzt werden [52]. Basierend auf einer Dipol-Dipol-Wechselwirkung zwischen Farbstoffen und TLS wurde ein Minimalabstand von 1 nm für TLS, welche Sprünge von wenigen Wellenzahlen verursachen gefunden, und ein Abstand von $0,4\,\mathrm{nm}$ abgeschätzt für TLS, die Sprünge in der Größenordnung von $10\,\mathrm{cm}^{-1}$ verursachen. Aufgrund der Tatsache, dass die elektronischen Q_y-Übergänge von BChl *a* durch das π-Elektronensystem des Bakteriochlorin-Ringes dominiert werden, ist es sinnvoll, den TLS-Farbstoff Abstand von diesem Ring aus anzunehmen.

Bei allen drei Spezies liegt die lineare Elektron-Phonon-Kopplung im Bereich der schwachen Kopplung, d.h. es werden keine Debye-Waller-Faktoren $< 0,2$ beobachtet. Dies steht in Einklang mit der Beobachtung, dass für die nicht-polaren

BChl *a*-Moleküle die durch eine Anregung erzeugten Änderungen des effektiven Dipolmoments in der Größenordnung von 1 D liegen [70] und damit eher klein sind. Nichtsdestoweniger sind die aus den Einzelmolekülmessungen ermittelten Debye-Waller-Faktoren der BChl a-Moleküle von *Rb. sphaeroides* eindeutig kleiner als die der anderen beiden Spezies, was konsistent ist mit Ergebnissen aus druckabhängigen Lochbrennexperimenten [71]. Dort wurde beobachtet, dass die Kompressibilität von *Rb. sphaeroides* etwa doppelt so groß ist wie die von *Rps. acidophila* und *Rsp. molischianum* und es wurde daraus geschlossen, dass bei *Rb. sphaeroides* die $\alpha\beta$-Polypeptide weniger dicht gepackt sind.

Betrachtet man in Abb. 7.3 die spektrale Diffusion innerhalb der B800 Bande von LH2 von *Rsp. molischianum* im Vergleich zu der von *Rb. sphaeroides* und *Rps. acidophila*, so ist der Unterschied bemerkenswert. Dies kann schon aus den Breiten der Histogramme der kleinen spektralen Veränderungen, z.B. $1,7 - 4,5\,\mathrm{cm}^{-1}$ für *Rb. sphaeroides* und *Rps. acidophila* im Vergleich zu $5 - 8,5\,\mathrm{cm}^{-1}$ für *Rsp. molischianum*, abgeleitet werden. Dieser Unterschied ist aber noch offensichtlicher für große spektrale Änderungen von $250\,\mathrm{cm}^{-1}$, die ausschließlich bei *Rsp. molischianum* beobachtet wurden.

Um die spektralen Bewegungen der elektronischen Übergänge mit Konformationsänderungen im Protein zu verknüpfen, ist es zunächst interessant, die von den drei Spezies verfügbare strukturelle Information der B800 Bindungstaschen zu vergleichen [31, 33, 72, 73]. In Abb. 7.6 ist die Ligandierung der B800 BChl *a*-Moleküle für die Spezies *Rb. sphaeroides*, *Rsp. molischianum* und *Rps. acidophila* (von links nach rechts) dargestellt. Für *Rsp. molischianum* und *Rps. acidophila* basieren diese Darstellungen auf hochaufgelösten, durch Röntgenstrukturanalyse gewonnenen Kristallstrukturen [31, 33] (Protein Data Bank Einträge 1NKZ und 1LGH), für *Rb. sphaeroides* auf einem vorläufigem Modell, welches später diskutiert wird. Zur besseren Vergleichbarkeit sind die BChl *a*-Moleküle mit ihren Bakteriochlorin-Ringen parallel zur horizontalen Ebene der Abbildung orientiert und innerhalb dieser Ebene so gedreht, dass die Verbindung des Rings und der Phytolkette an der gleichen Position ist.

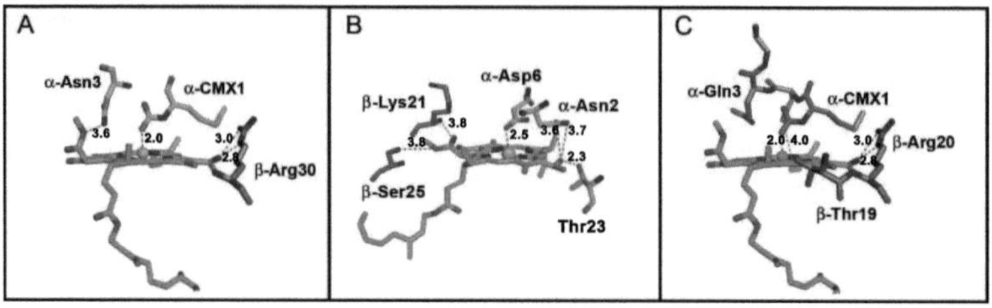

Abbildung 7.6: Ausschnitt aus der Bindungstasche der B800 BChl *a*-Moleküle von A) *Rb. sphaeroides*, B) *Rsp. molischianum* und C) *Rps. acidophila*. Gestrichelte Linien deuten wahrscheinliche Wasserstoffbrückenbindungen und Metall-Ligandierungen an. Die Abstände sind in Å angegeben. Zur besseren Vergleichbarkeit sind die BChl *a*-Moleküle mit ihren Bakteriochlorin-Ringen parallel zur horizontalen Ebene der Abbildung orientiert und innerhalb dieser Ebene so gedreht, dass die Verbindung des Rings und der Phytolkette an der gleichen Position ist.

Die primäre Verbindung zwischen der Polypeptidkette von *Rps. acidophila* oder *Rsp. molischianum* und den B800-Molekülen besteht zwischen dem zentralen Magnesium-Ion und den Residuen, die es koordinieren. Im Fall des LH2-Komplexes von Rps. acidophila ist diese Ligandierung eine Karboxyl-Gruppe, die an das anfängliche α-Met bindet (Abb. 7.6C). Diese Ligandierung wird durch mehrere Wasserstoffbrückenbindungen unterstützt, welche die umgebenden Residuen α-Asn2, α-Gln3 und β-His12 mit einbeziehen. Eine solche Modifikation des N-Terminus des α-Apoproteins ist im Komplex von *Rsp. molischianum* nicht vorhanden, wo das Mg^{2+}-Ion von einem α-Asp6 koordiniert wird. Diese Ligandierung wird unterstützt durch Wasserstoffbrückenbindungen zwischen α-Asp6 und α-Asn2 und einer Wasserstoffbrückenbindung zwischen α-Asp6 und einem Wassermolekül, welches auch eine Wasserstoffbrücke zu einem der das Mg^{2+}-Ion umgebenden Stickstoffatome des BChl *a*-Moleküls ausbildet (Abb. 7.6B). Zusätzlich gibt es noch eine mögliche schwache Wasserstoffbrücke zwischen α-Asn2 und den Stickstoffatomen des BChl *a*-Moleküls.

Generell ist die Bindungstasche von *Rsp. molischianum* offener und dies erlaubt dem B800-Molekül um 90° gedreht und um 20° verkippt gegenüber der Situation im Komplex von *Rps. acidophila* zu sein. Zusätzlich wechselwirken die B800-Moleküle in *Rsp. molischianum* im Gegensatz zu denen von *Rps. acidophila*, die nur innerhalb des $\alpha\beta$-Heterodimers wechselwirken, sowohl mit der eingenen als auch mit der β-Kette des benachbarten Heterodimers (Abb. 7.6B). Das B800-Molekül in *Rps. acidophila* reicht weiter zwischen die Ringe der transmembranen Helizes, als es in *Rsp. molischianum* der Fall ist.

7.5 B-Faktoren der BChl a-Moleküle

Das im Vergleich zu *Rsp. molischianum* weitere Hineinreichen des B800-Moleküls zwischen die Ringe der transmembranen Helizes in *Rps. acidophila* reduziert die allgemeine Mobilität des Bakteriochlorin-Ringes im Fall von *Rps. acidophila*. Dies steht in Übereinstimmung mit den kristallographischen B-Faktoren (*Temperaturfaktoren*) der B800 Bindungstaschen, die für *Rps. acidophila* und *Rsp. molischianum* erhalten wurden und in Abb. 7.7 dargestellt sind [32, 33]. Obwohl die Kristallstrukturanalyse eine Momentaufnahme eines Systems liefert, enthält sie dennoch Informationen über dynamische Vorgänge im Kristall in Form der sogenannten B-Faktoren. Diese sind ein Maß für die Beweglichkeit von Atomgruppen innerhalb der Kristallstruktur. In den durch Röntgenstrukturanalyse gewonnenen Ortskoordinaten der Atome spiegelt sich eine grössere Beweglichkeit eines Atoms in einer grösseren Unschärfe der experimentell gewonnenen Koordinaten, und dadurch einem grösserem B-Faktor, wider.

In Abb. 7.7 sind die B-Faktoren des BChl a-Moleküls in der B800-Bindungstasche von *Rsp. molischianum* offensichtlich über das ganze Molekül hin größer als die des BChl a-Moleküls in der B800-Bindungstasche von *Rps. acidophila*. Insbesondere werden sehr große B-Faktoren für die Phytolkette des BChl a-Moleküls von *Rsp. molischianum* beobachtet, was darauf hinweist, dass dieser Abschnitt des Proteins der Bindungstasche der Phytolkette eine größere Beweglichkeit erlaubt. Berück-

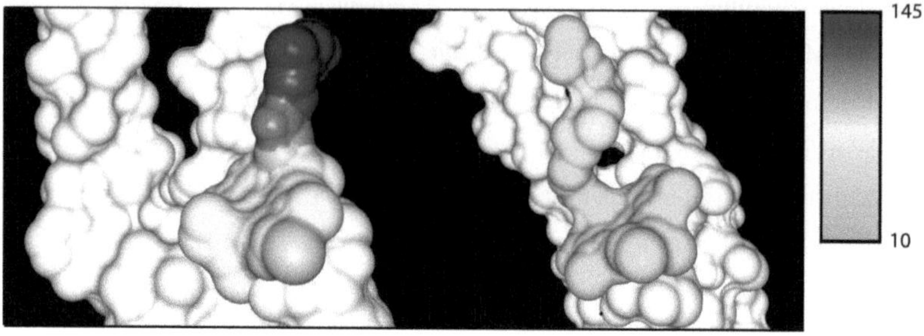

Abbildung 7.7: Farbkodierte Darstellung der kristallografischen B-Faktoren der B800 BChl *a*-Moleküle von *Rsp. molischianum* (links) und *Rps. acidophila* (rechts). Die B-Faktoren des BChl *a*-Moleküls in der B800-Bindungstasche von *Rsp. molischianum* sind über das ganze Molekül hin größer als die des BChl *a*-Moleküls von *Rps. acidophila*

sichtigt man die TLS-Abstände, die für die kleineren spektralen Veränderungen abgeschätzt wurden, ist es wahrscheinlich diese hohe Beweglichkeit der Phytolkette, welche für den Anstieg der spektralen Diffusion dieser Spezies im Bereich von $1 - 10\,\text{cm}^{-1}$ verantwortlich ist.

Spektrale Änderungen im Bereich von $250\,\text{cm}^{-1}$, wie sie bei *Rsp. molischianum* beobachtet wurden, sind jedoch so groß, dass sie wahrscheinlich lokale Konformationsänderungen des π-Konjugationssystems des Bakteriochlorin-Rings widerspiegeln, indem z.B. die Planarität des Rings durch eine Reorientierung von Seitengruppen oder durch eine Reorganistaion von Atomen verändert wird, die das zentrale Mg-Atom und seine Liganden beinhalten [33, 72, 74, 75].

7.6 Oberflächenladungen innerhalb der Bindungstasche

Dies wird durch den Vergleich der Oberflächenladungen der Residuen in der Nähe des B800 BChl *a* π-Konjugationssystems zwischen *Rsp. molischianum* und *Rps.*

acidophila durch Abb. 7.8 erhärtet [76]. Im Gegensatz zu *Rps. acidophila*, wo die Proteinumgebung in der Nähe des Bakteriochlorin-Rings weitgehend neutral ist, führt die negative Ladung der Umgebung dieses Rings im Fall von *Rsp. molischianum* zu stärkeren elektrostatischen Wechselwirkungen. Aufgrund der Ähnlichkeit der Statistik der spektralen Diffusion zwischen *Rps. acidophila* and *Rb. sphaeroides*, insbesondere die Abwesenheit von sehr großen spektralen Sprüngen in der Größenordnung von $250\,\text{cm}^{-1}$, kann man daher auch auf die Ähnlichkeit der Polarität der B800 BChl *a*-Bindungstasche bei diesen beiden Spezies schließen.

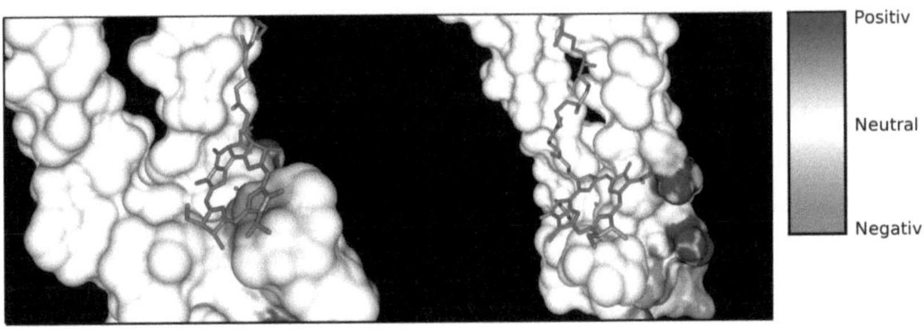

Abbildung 7.8: Darstellung der Oberfächenladungen der B800 Bindungstasche in der Nähe der Bakteriochlorin-Ebene der BChl *a*-Moleküle von *Rsp. molischianum* (links) und *Rps. acidophila* (rechts). Die Polarität der Ladung ist farbkodiert. Bei *Rps. acidophila* ist die Proteinumgebung in der Nähe des Bakteriochlorin-Rings weitgehend neutral, bei *Rsp. molischianum* führt die negative Ladung der Umgebung dieses Rings zu stärkeren elektrostatischen Wechselwirkungen.

7.7 Vorläufiges Strukturmodell der Bindungstasche von *Rb. sphaeroides*

Die LH2-Komplexe von *Rb. sphaeroides* und *Rps. acidophila* zeigen, neben der im vorigen Abschnitt beschriebenen Ähnlichkeit der Polarität der B800 BChl *a*-

Bindungstaschen, denselben oligomerischen Zustand, was aus Elektronenmikroskopieuntersuchungen bekannt ist. Die zudem große Übereinstimmung der Proteinsequenzen der beiden Komplexe rechtfertigt es, durch den Vergleich der Aminosäuresequenz und der Kristallstruktur von *Rps. acidophila*, ein Homologiemodell als vorläufiges Modell der B800 BChl *a*-Bindungstasche von *Rb. sphaeroides* zu erzeugen. Dazu wurde das Programm CHAINSAW aus der aus der CCP4 Programmkollektion [77, 78] verwendet, die durch das Homologiemodell beschriebene Bindungstasche ist in Abb. 7.6C dargestellt.

Da die Proteinsequenz des α-Apoproteins von *Rb. sphaeroides* den N-Terminus Met beibehält [79], enthält das Modell ein karboxyliertes Met als koordinierendes Residuum des Mg-Ions. Nachdem das Residuum in der Sequenz von *Rb. sphaeroides*, welches dem α-Asn2 von *Rps. acidophila* entspricht, ein Thr ist, könnte dies zum Fehlen einer Wasserstoffbrückenbindung führen. Allerdings könnte dies stattdessen durch eine dadurch neu ausgebildete Wasserstoffbrücke kompensiert werden, da das α-Gln3 in der Sequenz von *Rps. acidophila* einem Arg in *Rb. sphaeroides* entspricht.

Kapitel 8

Zusammenfassung

In dieser Arbeit wurde die Strukturdynamik einzelner Proteine bei tiefen Temperaturen untersucht. Dazu wurden Serien von Fluoreszenzanregungsspektren an einzelnen peripheren Lichtsammelkomplexen von Purpurbakterien bei tiefen Temperaturen aufgenommen. Aus diesen Serien von Spektren konnten Trajektorien der spektralen Diffusion einzelner, in der Proteinmatrix der Komplexe eingebetteter BChl a-Moleküle, erhalten werden.

Eine Kumulanten-Analyse dieser Trajektorien lieferte die Verteilungen der ersten beiden Kumulanten der optischen Anregungen. Die Verteilungen der ersten Kumulante waren in allen beobachteten Fällen gaußförmig oder durch gaußförmige Beiträge zusammengesetzt. Zur Interpretation dieser Beobachtung wurden zuächst die Vorhersagen des TLS-Standardmodells, durch welches die spektrale Diffusion in Gläsern erfolgreich beschrieben werden kann, für die ersten beiden Kumulanten hergeleitet. Durch den Vergleich der Vorhersagen mit den experimentell gewonnenen Verteilungen der ersten Kumulante konnte eindeutig gezeigt werden, dass eine gemeinsame Beschreibung der wesentlichen Eigenschaften spektraler Diffusion von Proteinen und Gläsern nicht zutreffend ist. Die Ergebnisse zeigen, dass sich Proteine bei tiefen Temperaturen nicht wie Gläser verhalten und dass ihre Konformationsänderungen nicht durch das TLS-Standardmodell beschrieben werden können.

Aus der Gaußform der Verteilung der ersten Kumulante wurde weiter geschlossen, dass zwischen den für die Gaußform verantwortlichen TLS und dem Farbstoff ein Mindestabstand angenommen werden muss und daher das *Farbstoff im Hohlraum*-Modell zur Beschreibung der spektralen Dynamik des Farbstoffes heranzuziehen ist. Die bei 12 der 23 untersuchten Verteilungen gegebene Notwendigkeit der Überlagerung von mehreren gaußförmigen Beiträgen zeigte, dass darüberhinaus zur Beschreibung der spektralen Dynamik auch zwei Klassen von TLS angenommen werden müssen. Die eine Klasse entspricht der durch das *Farbstoff im Hohlraum*-Modell beschriebenen TLS-Verteilung. Die andere TLS-Klasse wird durch einzelne, nur in der Hälfte aller untersuchten Proteine auftretende TLS gebildet und ist für die Zusammensetzung der Verteilungen der ersten Kumulante aus mehreren Beiträgen verantwortlich.

Bei der Betrachtung des Konzepts des spektralen Diffusionskerns zur Beschreibung experimentellen Ergebnisse konnte die Identität der Verteilung der ersten Kumulante mit dem spektralen Diffusionskern gezeigt werden. Damit wurde im Rahmen dieser Arbeit erstmals der spektrale Diffusionskern eines einzelnen, in ein Protein eingebetteten Farbstoffes, erhalten. Durch Analyse der spektralen Diffusionskerne wurden die von den beiden TLS-Klassen erzeugten spektralen Verstimmungen der BChl *a*-Moleküle ermittelt. Der Vergleich mit druckinduzierten Verstimmungen von in Proteine eingebetteten Farbstoffen erlaubte es, aus den TLS-induzierten spektralen Verschiebungen den Mindestabstand beider TLS-Klassen zum Farbstoff abzuschätzen. Ein Vergleich der Abstände mit der Kristallstruktur von *Rps. acidophila* ergab, dass TLS der Klasse mit geringen spektralen Verschiebungen wahrscheinlich außerhalb des Proteins angesiedelt sind, mit einem relativ großen Abstand von mindestens 1 nm zum Farbstoff. Sie wurden deshalb der Dynamik des Lösungsmittels bzw. der Protein-Lösungsmittel-Grenze zugeordnet. Die andere Klasse der TLS, welche zu starken Verstimmungen des Farbstoffes führt, liegt allerdings höchstwahrscheinlich im Protein oder sogar innerhalb der Bindungstasche des Farbstoffes. Ihr Abstand beträgt etwa 0,4 nm zum Farbstoff. Durch die voneinander getrennt beobachtete Dynamik des Proteins und des Lösungsmittels wurde wahrscheinlich erstmalig der Prozess des *slavings* bei einzelnen Proteinen gezeigt.

Die Elektron-Phonon-Kopplung einzelner B800 BChl *a*-Moleküle der peripheren Lichtsammelkomplexe wurde für die drei Spezies *Rb. sphaeroides*, *Rsp. molischianum* und *Rps. acidophila* untersucht und die Verteilungen der Debye-Waller Faktoren bestimmt. Bei allen drei Spezies wurde eine schwache Elektron-Phonon-Kopplung ermittelt, jedoch konnte ein signifikanter Unterschied der Verteilungen der Debye-Waller Faktoren von *Rps. acidophila* und *Rsp. molischianum* im Vergleich zu der Verteilung bei *Rb. sphaeroides* festgestellt werden. Dies wurde mit Messungen der spektralen Diffusion bei den drei Spezies verglichen. Aus den Ergebnissen ließ sich folgern, dass die Ladungsverteilungen in den Bindungstaschen von *Rb. sphaeroides* und *Rps. acidophila* sehr ähnlich sind, wogegen die Packungsdichte der $\alpha\beta$-Polypeptide in *Rb. sphaeroides* deutlich geringer als in den anderen beiden Spezies ist. Durch einen Vergleich der Aminosäuresequenzen von *Rb. sphaeroides* und *Rps. acidophila* und gestützt durch die Ergebnisse der Experimente dieser Arbeit konnte abschließend ein vorläufiges Modell der B800-Bindungstasche von *Rb. sphaeroides* vorgeschlagen werden.

Die Ergebnisse dieser Arbeit zeigen, dass die Einzelmolekülspektroskopie eine hervorragende Methode ist, um die Strukturdynamik von Proteinen bei tiefen Temperaturen zu untersuchen. Die Wechselwirkung von Farbstoffen mit ihrer individuellen Proteinumgebung führt zu spektralen Merkmalen, die durch die in Ensemblemessungen instrinsische Mittelung nicht beobachtet werden können. Durch den Zugang zu Verteilungen von Parametern anstelle von Mittelwerten werden wertvolle Beiträge zur Modellbildung der Strukturdynamik von Proteinen ermöglicht.

Literaturverzeichnis

[1] H. Frauenfelder, S. G. Sligar, and P. G. Wolynes *Science*, vol. 254, pp. 1598–1603, 1991.

[2] J. C. Kendrew *Scient. Amer.*, vol. 205, pp. 96–110, 1961.

[3] M. F. Perutz *Science*, vol. 140, pp. 863–869, 1963.

[4] G. U. Nienhaus and R. D. Young *Encycl. Appl. Phys.*, vol. 15, pp. 163–183, 1996.

[5] H. Frauenfelder, F. Parak, and R. D. Young *Ann. Rev. Biophys. Biophys. Chem.*, vol. 17, pp. 451–479, 1988.

[6] H. Frauenfelder and D. T. Leeson *Nat. Struct. Biol.*, vol. 5, pp. 757–759, 1998.

[7] J. Schlichter, K. D. Fritsch, and J. Friedrich *J. Mol. Liq.*, vol. 86, pp. 127–136, 2000.

[8] W. A. Phillips *J. Low Temp. Phys.*, vol. 7, pp. 351–360, 1972.

[9] P. W. Anderson, B. I. Halperin, and C. M. Varma *Phil.Mag.*, vol. 25, pp. 1–9, 1972.

[10] K. Fritsch, J. Friedrich, D. T. Leeson, and D. A. Wiersma *Phys. Chem. B*, vol. 101, pp. 6631–6340, 1997.

[11] T. H. Keil *Phys. Rev.*, vol. 140, pp. 601–617, 1965.

[12] W. E. Moerner *J. Phys. Chem. B*, vol. 106, no. 5, pp. 910–927, 2002 Feb 7.

[13] W. E. Moerner and L. Kador *Phys. Rev. Lett.*, vol. 62, p. 2535, 1989.

[14] M. Orrit and J. Bernard *Phys. Rev. Lett.*, vol. 65, p. 2716, 1990.

[15] W. P. Ambrose and W. E. Moerner *Nature*, vol. 349, pp. 225–227, 1991.

[16] C. Hofmann, T. J. Aartsma, H. Michel, and J. Köhler *New J. Phys.*, vol. 6, pp. 1–15, 2004.

[17] J. Friedrich and D. Haarer *Angew. Chem. Int. Ed. Engl.*, vol. 23, p. 113, 1984.

[18] W. E. Moerner and T. Basché *Angew. Chem. Int. Ed. Engl.*, vol. 32, p. 457, 1993.

[19] A. Zumbusch, L. Fleury, R. Brown, and J. B. M. Orrit *Phys. Rev. Lett.*, vol. 70, pp. 3584–3587, 1993.

[20] L. Fleury, A. Zumbusch, M. Orrit, R. Brown, and J. Bernard *J. Lumin.*, vol. 56, pp. 15–28, 1993.

[21] F. L. H. Brown and R. J. Silbey *J. Chem. Phys.*, vol. 108, pp. 7434–7450, 1998.

[22] S. Völker *Ann. Rev. Phys. Chem.*, vol. 40, pp. 499–530, 1989.

[23] H. Maier, B. Kharlamov, and D. Haarer, in *Tunneling systems in amorphous and crystalline solids,*, pp. 317–387. Springer-Verlag, Berlin, 1998.

[24] W. A. Phillips *Rep. Prog. Phys.*, vol. 50, pp. 1657–1708, 1987.

[25] H. Frauenfelder, G. U. Nienhaus, and R. D. Young, in *Disorder effects on relaxational processes,*, pp. 591–614. Springer-Verlag, Berlin, 1994.

[26] A. Ansari, J. Berendzen, S. F. Bowne, H. Frauenfelder, I. E. T. Iben, T. B. Sauke, E. Shyamsunder, and R. D. Young *Proc. Natl. Acad. Sci. USA*, vol. 82, no. 15, pp. 5000–5004, 1985/8/1.

[27] C. Hofmann, T. J. Aartsma, H. Michel, and J. Köhler *Proc. Nat. Acad. USA*, vol. 100, pp. 15534–15538, 2003.

[28] R. J. Cogdell, P. K. Fyfe, S. J. Barrett, S. M. Prince, A. A. Freer, N. W. Isaacs, P. McGlynn, and C. N. Hunter *Photosynth. Res.*, vol. 48, pp. 55–63, 1996.

[29] R. J. Cogdell, N. W. Isaacs, T. D. Howard, K. McLuskey, N. J. Fraser, and S. M. Prince *J. Bacteriol.*, vol. 181, no. 13, pp. 3869–3879, 1999.

[30] W. Kühlbrandt *Nature*, vol. 374, p. 497, 1995.

[31] G. McDermott, S. M. Prince, A. A. Freer, A. M. Hawthornthwaite-Lawless, M. Z. Papiz, R. J. Cogdell, and N. W. Isaacs *Nature*, vol. 374, pp. 517–521, 1995.

[32] M. Z. Papiz, S. M. Prince, T. Howard, R. J. Cogdell, and N. W. Isaacs *J. Mol. Biol.*, vol. 326, no. 5, pp. 1523–1538, 2003.

[33] J. Koepke, X. Hu, C. Muenke, K. Schulten, and H. Michel *Structure*, vol. 4, pp. 581–597, 1996.

[34] T. Walz, S. J. Jamieson, C. M. Bowers, P. A. Bullough, and C. N. Hunter *J. Mol. Biol.*, vol. 282, pp. 833–845, 1998.

[35] E. Lang, J. Baier, and J. Köhler *J. Microsc.*, vol. 222, pp. 118–123, 2006.

[36] M. F. Richter, J. Baier, R. J. Cogdell, J. Köhler, and S. Oellerich *Biophys. J.*, vol. 93, pp. 183–191, 2007.

[37] A. Ansari, J. Berendzen, S. F. Bowne, H. Frauenfelder, I. E. T. Iben, T. B. Sauke, E. Shyamsunder, and R. D. Young *Phys. Rev.*, vol. 47, p. 777, 1985.

[38] H. Frauenfelder, P. G. Wolynes, and R. H. Austin *Rev. Mod. Phys.*, vol. 71, pp. S419–S429, 1999.

[39] E. T. Iben, D. Braunstein, W. Doster, H. Frauenfelder, M. K. Hong, J. B. Johnson, S. Luck, P. Ormos, A. Schulte, P. J. Steinbach, A. H. Xie, and R. D. Young *Phys. Rev. Lett.*, vol. 62, pp. 1916–1919, 1989.

[40] J. Schlichter, J. Friedrich, L. Herenyi, and J. Fidy *J. Chem. Phys.*, vol. 112, pp. 3045–3050, 2000.

[41] A. Suarez and J. Silbey *J. Phys. Chem.*, vol. 98, pp. 7329–7336, 1994.

[42] J.Schlichter and J. Friedrich *J. Chem. Phys.*, vol. 114, pp. 8718–8721, 2001.

[43] E. Barkai, R. Silbey, and J. Zumofen *Phys. Rev. Lett.*, vol. 84, p. 5339, 2000.

[44] W. Feller, *An Introduction to Probability Theory and Its Applications.* Wiley, New York, 1970.

[45] A. M. Stoneham *Rev. Mod. Phys.*, vol. 41, pp. 82–108, 1969.

[46] E. Barkai, R. Silbey, and J. Zumofen *J. Chem. Phys.*, vol. 113, p. 5853, 2000.

[47] L. Kador *J. Chem. Phys.*, vol. 95, pp. 5574–5581, 1991.

[48] E. Barkai, A. V. Naumov, Y. G. Vainer, M. Bauer, and L. Kador *Phys. Rev. Lett.*, vol. 91, pp. 5502–5505, 2003.

[49] E. Geva and J. L. Skinner *J. Phys. Chem. B*, vol. 101, pp. 8920–8932, 1997.

[50] A. Naumov, Y. G. Vainer, M. Bauer, and L. Kador *J. Chem. Phys.*, vol. 116, pp. 8132–8138, 2002.

[51] P. D. Reilly and J. L. Skinner *J. Chem. Phys.*, vol. 101, pp. 965–973, 1994.

[52] J. Baier, M. F. Richter, R. J. Cogdell, S. Oellerich, and J. Köhler *Phys. Rev. Lett.*, vol. 100, p. 8108, 2008.

[53] R. Brown, M. O. edited by Th. Basché, W. E. Moerner, M. Orrit, and U. P. E. Wild, in *Single Molecule Optical Detection, Imaging and Spectroscopy,* edited

by Th. Basché, W. E. Moerner, M. Orrit, and U. P. E. Wild, pp. 109–142. Verlag-Chemie, Munich, 1997.

[54] V. Zazubovich, R. Jankowiak, and G. J. Small *J. Phys. Chem. B*, vol. 106, pp. 6802–6814, 2002.

[55] J. Zollfrank and J. Friedrich *J. Opt. Soc. Am. B*, vol. 9, p. 956, 1992.

[56] R. G. Alden, E. Johnson, V. Nagarajan, W. W. Parson, C. J. Law, and R. J. Cogdell *J. Phys. Chem. B*, vol. 101, pp. 4667–4680, 1997.

[57] P. W. Fenimore, H. Frauenfelder, B. H. McMahon, and F. G. Parak *Proc. Nat. Acad. USA*, vol. 99, pp. 16047–16051, 2002.

[58] V. Lubchenko, P. G. Wolynes, and H. Frauenfelder *Phys. Rev.*, vol. 109, pp. 7488–7499, 2005.

[59] J. Schlichter, J. Friedrich, M. Parbel, and H. Scheer *J. Chem. Phys.*, vol. 114, p. 9638, 2001.

[60] Y. Berlin, A. Burin, J. Friedrich, and J. Köhler *Phys. Life Rev.*, vol. 3, pp. 262–292, 2006.

[61] C. Hofmannm, F. Kulzer, R. Zondervan, J. Köhler, and M. Orrit, in *Biophysics, Vol 12,* edited by R. Rigler and H. Vogel, pp. 25–51. Springer-Verlag, Berlin Heidelberg, 2008.

[62] R. Monshouwer, M. Abrahamson, F. van Mourik, and R. van Grondelle *J. Phys. Chem. B*, vol. 101, pp. 7241–7248, 1997.

[63] I. Renge *J. Opt. Soc. Am. B.*, vol. 9, pp. 719–723, 1992.

[64] C. de Caro, R. W. Visschers, R. van Grondelle, and S. Völker *J. Phys. Chem.*, vol. 98, pp. 10584–10590, 1994.

[65] A. M. van Oijen, M. Ketelaars, J. Köhler, T. J. Aartsma, and J. Schmidt *Biophys. J.*, vol. 78, pp. 1570–1577, 2000.

[66] M. van Heel, B. Gowen, R. Matadeen, E. V. Orlova, R. Finn, T. Pape, D. Cohen, H. Stark, R. Schmidt, M. Schatz, and A. Patwardhan *Quart. Rev. Biophys.*, vol. 33, pp. 307–369, 2000.

[67] C. Hofmann, H. Michel, M. van Heel, and J. Köhler *Phys. Rev. Lett.*, vol. 94, p. 195501, 2005.

[68] R. Hildner, U. Lemmer, U. Scherf, M. van Heel, and J. Köhler *Adv. Mater.*, vol. 19, pp. 1978–1982, 2007.

[69] M. van Heel *J. Mol. Biol.*, vol. 220, pp. 877–887, 1991.

[70] L. Limantara, S. Sakamoto, Y. Koyama, and H. Nagae *Photochem. Photobiol.*, vol. 65, pp. 330–33, 1997.

[71] H.-M. Wu, M. Rätsep, R. Jankowiak, R. J. Cogdell, and G. J. Small *J. Phys. Chem. B*, vol. 101, pp. 7641–7653, 1997.

[72] Z. He, Z. V. Sundström, and T. Pullerits *J. Phys. Chem. B*, vol. 106, pp. 11606–11612, 2002.

[73] R. J. Cogdell, N. W. Isaacs, A. A. Freer, T. D. Howard, A. T. Gardiner, S. M. Prince, and M. Z. Papiz *Biochemistry*, vol. 555, pp. 35–39, 2003.

[74] E. Gudowska-Nowak, M. D. Newton, and J. Fajer *J. Phys. Chem.*, vol. 94, pp. 5795–5801, 1990.

[75] L. Germeroth, F. Lottspeich, B. Robert, and H. Michel *Biochemistry*, vol. 32, pp. 5615–5621, 1993.

[76] D. Petrey and B. Honig *Meth. Enzymol.*, vol. 65, pp. 492–509, 2003.

[77] N. Stein *J. Appl. Cryst.*, vol. 41, pp. 641–643, 2008.

[78] C. C. PROJECT *Acta Cryst.*, vol. D50, pp. 760–763, 1994.

[79] R. Theiler, F. Suter, H. Zuber, and R. J. Cogdell *FEBS Lett.*, vol. 175, pp. 231–237, 1984.

Abstract

In this thesis the structural dynamics of single proteins at low temperatures were investigated. Therefore, long series of fluorescence-excitation spectra of individual peripheral light-harvesting complexes were recorded. From these series of spectra, trajectories of the spectral diffusion of individual BChl a-molecules, embedded in the protein-matrix of the complexes were obtained.

A cumulant-analysis of these trajectories revealed the distributions of the first two cumulants of the excitations. The line-shape of these cumulant-distributions was gaussian or consisted of gaussian contributions. Since the behaviour of a protein at low temperatures has often been likened to a glass, the predictions of the standard TLS-model for the first two cumulants of a chromophore embedded in a disordered matrix were derived. By comparing the predictions with the experimentally obtained distributions of the first cumulant, it was clearly shown that there is a fundamental difference between the relaxation behavior of our test protein and that of glasses and that the standard TLS-model does not provide a valid description of our experimental results. The results show that the conformational dynamics of proteins at low temperatures can not be described by the standard TLS-model. Nevertheless, by analyzing the cumulant distributions it was possible to derive two classes of TLS-distributions, which explained the experimental results satisfyingly.

Applying the concept of the spectral diffusion kernel to the obtained cumulant distributions, it was possible to identify the first cumulant of a chromophore with its spectral diffusion kernel and so, for the first time reported, obtain the spectral diffusion kernel of a single protein.

Further analysis of these spectral diffusion kernels lead to an estimation of the spectral shifts caused by these two classes of TLS. The comparison with pressure-induced spectral shifts of protein-embedded chromophores additionally allowed to estimate the minimum-distances of these TLS-classed to the chromophore. A comparison with the crystal structure of *Rps. acidophila* concluded, that the class which causes the minor sprectral shifts is located in the solvent or at the protein-solven boundary. The class responsible for the large spectral changes located within the protein, possibly even within the binding-pocket of the investigated chromophore. By this seperated observation of protein-related and solvent-related dynamics its possible that for the first time a concept called slaving was recorded for a single protein.

The electron-phonon coupling of single B800 BChl *a*-molecules and the spectral diffusion was finally compared for light-harvesting complexes of the three species *Rb. sphaeroides*, *Rsp. molischianum* and *Rps. acidophila.* Although all Debye-Waller-factors indicated weak electron-phonon-coupling, clear differences in the distributions of the debye-waller-factors of *Rps. acidophila* and *Rsp. molischianum* compared to *Rb. sphaeroides* were found. This was compared with results from the spectral diffusion for all three species. From these comparisons and by using a homology-model based on the crystal structure of *Rps. acidophila*, a tentative model for the B800 binding pocket for *Rb. sphaeroides* was proposed.

These results show that single-molecule spectroscopy is an outstanding tool to investigate the structure dynamics of proteins at low temperatures. The interaction of chromophores with their local protein environment leads to spectral features that usually are averaged in ensemble experiments. The access to distributions of parameters instead of mean values allows valuable contributions to model the structure dynamics of proteins.

Kurzfassung

In dieser Arbeit wurde die Strukturdynamik einzelner Proteine bei tiefen Temperaturen untersucht. Dazu wurden Serien von Fluoreszenzanregungsspektren an einzelnen peripheren Lichtsammelkomplexen von Purpurbakterien bei tiefen Temperaturen aufgenommen. Aus diesen Serien von Spektren wurden Trajektorien der spektralen Diffusion einzelner, in der Proteinmatrix der Komplexe eingebetteter BChl a-Moleküle erhalten.

Eine Kumulanten-Analyse dieser Trajektorien lieferte die Verteilungen der ersten beiden Kumulanten der optischen Anregungen. Die Verteilungen der ersten Kumulante waren in allen beobachteten Fällen gaußförmig oder durch gaußförmige Beiträge zusammengesetzt. Zur Interpretation dieser Beobachtung wurden zuerst die Vorhersagen des TLS-Standardmodells, durch welches die spektrale Diffusion in Gläsern erfolgreich beschrieben werden kann, für die ersten beiden Kumulanten hergeleitet. Durch den Vergleich der Vorhersagen mit den experimentell gewonnenen Verteilungen der ersten Kumulante konnte eindeutig gezeigt werden, dass eine gemeinsame Beschreibung der wesentlichen Eigenschaften spektraler Diffusion von Proteinen und Gläsern nicht zutreffend ist. Die Ergebnisse zeigen, dass die Konformationsänderungen von Proteinen bei tiefen Temperaturen nicht durch das TLS-Standardmodell beschrieben werden können. Jedoch war es durch die Analyse der Kumulanten-Verteilungen möglich, zwei Klassen von TLS-Verteilungen abzuleiten, welche die experimentellen Ergebnisse zufriedenstellend erklären.

Bei der Anwendung des Konzepts des spektralen Diffusionskerns zur Beschreibung der experimentellen Ergebnisse konnte die Identität der Verteilung der ersten

Kumulante mit dem spektralen Diffusionskern gezeigt werden. Damit wurde im Rahmen dieser Arbeit erstmals der spektrale Diffusionskern eines einzelnen, in ein Protein eingebetteten Farbstoffes, dargestellt.

Durch Analyse der spektralen Diffusionskerne wurden die von den beiden TLS-Klassen erzeugten spektralen Verstimmungen der BChl a-Moleküle ermittelt. Der Vergleich mit druckinduzierten Verstimmungen von in Proteine eingebetteten Farbstoffen erlaubte es, aus den TLS-induzierten spektralen Verschiebungen den Mindestabstand beider TLS-Klassen zum Farbstoff abzuschätzen. Ein Vergleich der Abstände mit der Kristallstruktur von *Rps. acidophila* ergab, dass TLS der Klasse mit geringen spektralen Verschiebungen wahrscheinlich außerhalb des Proteins angesiedelt sind. Sie wurden deshalb der Dynamik des Lösungsmittels bzw. der Protein-Lösungsmittel-Grenze zugeordnet. Die andere Klasse der TLS, welche zu starken Verstimmungen des Farbstoffes führt, liegt allerdings höchstwahrscheinlich im Protein oder sogar innerhalb der Bindungstasche des Farbstoffes. Durch die voneinander getrennt beobachtete Dynamik des Proteins und des Lösungsmittels wurde wahrscheinlich erstmalig der Prozess des *slavings* bei einzelnen Proteinen gezeigt.

Sowohl die Elektron-Phonon-Kopplung einzelner B800 BChl a-Moleküle als auch die spektrale Diffusion wurde bei den drei Spezies *Rb. sphaeroides*, *Rsp. molischianum* und *Rps. acidophila* verglichen. Obwohl alle untersuchten Anregungen eine schwache Elektron-Phonon-Kopplung aufwiesen, konnte ein signifikanter Unterschied der Verteilungen der Debye-Waller Faktoren von *Rps. acidophila* und *Rsp. molischianum* im Vergleich zu der Verteilung bei *Rb. sphaeroides* festgestellt werden. Dies wurde verglichen mit der spektralen Diffusion der drei Spezies. Gestützt auf diese Vergleiche und ein auf *Rps. acidophila* aufbauendes Homologiemodell konnte ein vorläufiges Modell der B800-Bindungstasche von *Rb. sphaeroides* vorgeschlagen werden.

Die Ergebnisse dieser Arbeit zeigen, dass die Einzelmolekülspektroskopie eine hervorragende Methode ist, um die Strukturdynamik von Proteinen bei tiefen Temperaturen zu untersuchen. Die Wechselwirkung von Farbstoffen mit ihrer individuellen Proteinumgebung führt zu spektralen Merkmalen, die durch die in Ensemblemessungen instrinsische Mittelung nicht beobachtet werden können. Durch den Zugang zu Verteilungen von Parametern anstelle von Mittelwerten werden wertvolle Beiträge zur Modellbildung der Strukturdynamik von Proteinen ermöglicht.

Danksagung

Die vorliegende Arbeit konnte von mir nur deshalb verfasst werden, weil mir vor und während meiner Promotionszeit die Unterstützung vieler Personen zuteil wurde. All denen möchte ich im Folgenden danken.

Zuallererst haben meine Eltern mir diese Arbeit überhaupt ermöglicht. Ohne eure geduldige Unterstützung hätte niemals die Möglichkeit bestanden, diese Dissertation beginnen zu können. Meine Schwester Silvia ist zudem die beste Schwester der Welt. Du bist mit deinem nie versiegenden Humor eine phantastische Quelle von Motivation und Zuversicht. Mein tief empfundener Dank an meine Familie.

Für die Betreuung der Dissertation möchte ich meinem Doktorvater Prof. Dr. Jürgen Köhler herzlich danken. Du hast es möglich gemacht, dass ich die zu Beginn meiner Arbeit geäußerten Wünsche und Erwartungen umsetzen konnte. Es war jederzeit möglich bei Fragen oder Schwierigkeiten ein offenes Ohr zu finden. Für das entgegengebrachte Vertrauen und das Verdienst mich nie das "Ziel" aus den Augen verlieren zu lassen möchte ich mich ausdrücklich bei dir bedanken.

Einen besonderen Platz nimmt Dr. Martin Richter ein. Wir haben unendlich viel Zeit gemeinsam im Labor, auf Konferenzen oder in Gesprächen verbracht. Du warst jederzeit mit Rat und Hilfe zur Stelle, immer eine Quelle guter Laune und hast mir sogar neue Facetten der Dichtkunst (Poetry!) nähergebracht. Wir haben gemeinsam über Wochen hinweg die beste Meß-Session, die man sich vorstellen kann, auf die Beine gestellt. Zusammen haben wir mysteriöse Labor-Phänomene untersucht (I guess something is wrong here?!), wegen dir bin ich in die Luft geflogen (per Gleitschirm), wir haben Wüsten bewandert, waren Snowboarden,

Tauchen, Klettern... die Liste ließe sich noch lang fortsetzen. Alles was wir im Labor und außerhalb unternommen haben war immer teamwork. Dafür möchte ich dir von ganzem Herzen danken.

Eveline Kluczewski hat die Zeit meiner Promotion mit allen Höhen und Tiefen mitbekommen und war mir eine großartige Stütze und Partnerin. Herausragend war deine Hilfe bei vielen Illustrationen, bei denen du viel Geduld für mein kaum ausgeprägtes Gefühl für Farben und Formen bewiesen hast.

Mein Pate Dr. Werner Bertleff hat meinen Werdegang schon von Kindesbeinen an entscheidend gelenkt. Du hast mich mit allen Gerätschaften und Chemikalien versorgt, die ich zur Erforschung meiner Umwelt benötigte. Auch wenn nicht alle meiner Untersuchungen zerstörungsfrei blieben (kurze Entschuldigung an meine Eltern wegen der Tomaten), hat das mit Sicherheit den Grundstein zu meiner Studienwahl gelegt.

During the time I was working on my thesis I was not able to devote as much time to my training and duties as I would have wanted to. I would like to thank Master Lam Kam Chuen for his patience and consideration and the support he nevertheless provided.

Für die ersten Schritte im Labor möchte ich mich bei Dr. Clemens Hofmann und Dr. Erwin Lang bedanken. Frau Dr. Silke Oellerich möchte ich für die Unterstützung und vielen hilfreichen Diskussionen bei der Auswertung der Ergebnisse danken. Für das hervorragende Arbeitsklima und die gute Zusammenarbeit am Lehrstuhl bedanke ich mich bei Dr. Richard Hildner, Dr. Wolfgang Richter, Tobias Pflock, Dominique Ernst, Paul Böhm, Phillip Reichl, Thomas Prem, Christiane Hofmann und Florian Spreitler. Insbesondere hat mich gefreut die vielen kleinen Eigenheiten des LH-Meßplatzes an Ralf Kunz weitergeben zu können und dass der 899er-Laser bei Marc Jendrny einer neuen Bestimmung entgegengegangen ist. Spectroscopical high five!

Der organisatorische Durchblick wurde von Evelyn Hülsmann und Karin Baier aufrechterhalten, indem sie viel adminstrative Arbeit übernommen oder koordiniert haben.

Bei apparativen Fragen hatte ich in Michael Heimler und Werner Reichstein zwei überaus kompetente und hilfsbereite Ansprechpartner. Die Mechanik-Werkstatt, insbesondere Frank Neumann, hat, zuweilen sogar zu meiner eigenen Überraschung, jede Zeichnung in ein funktionsfähiges Bauteil umgesetzt.

Für die Unterstützung bei der Gestaltung des Umschlages möchte ich Monika Single herzlich danken. Das Korrekturlesen und Einfügen von erstaunlich vielen zusätzlichen Satzzeichen hat Horst Holz dankenswerterweise auf sich genommen.